「d-book」
回転磁界

森澤 一榮 著

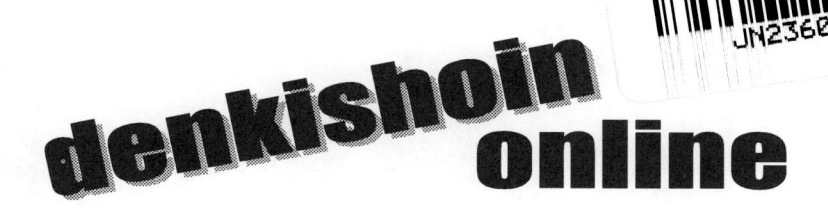

denkishoin online

[BOOKS | BOARD | MEMBERS | LINK]

電気工学の知識ベース

http://euclid.d-book.co.jp/

電気書院

目　次

1　回転磁界とは
1・1　平衡三相交流と対称三相コイルで作られる磁界 …………………………………1
1・2　回転磁界および回転磁界の速度 …………………………………………………3

2　二相交流による回転磁界
2・1　二相交流 ……………………………………………………………………………4
2・2　平衡二相交流による回転磁界 ……………………………………………………5

3　同大・互に逆転する二つの回転磁界の 合成および交番磁界の分解
3・1　互に逆回転する同大の二つの回転磁界の合成 …………………………………7
3・2　正弦波交番磁界の分解 ……………………………………………………………8
3・3　ベクトルの指数関数表示による検討 ……………………………………………8
3・4　正弦波交番磁界が二つの逆回転する同大の回転磁界に
　　　分解できることを応用すれば平衡二相交流による回転磁界は ………………9

4　平衡三相交流による回転磁界（1）
4・1　図解的に正弦波交番磁界の分解を利用して ……………………………………11
4・2　ベクトルの指数関数表示を利用して ……………………………………………12

5　平衡三相交流による回転磁界（2）
5・1　ベクトル図と三角公式を利用して ………………………………………………14
5・2　j複素記号表示を利用して ………………………………………………………16

6　平衡三相交流による回転磁界（3）　相順が逆になった場合
6・1　ベクトル図と三角公式を利用して ………………………………………………17
6・2　各相磁界を指数関数表示で表せば ………………………………………………19

7　分布回転磁界（複正弦磁界）

　　7・1　分布磁界の表し方 …………………………………………………… 21
　　7・2　複正弦磁界の分解 …………………………………………………… 22

8　楕円回転磁界（その1）

　　8・1　互いに逆回転する異なる二つの回転磁界の合成 ………………… 27
　　8・2　合成した楕円回転磁界の角速度 …………………………………… 28
　　8・3　異なる二つの交番磁界の合成は 楕円回転磁界である ………… 30
　　8・4　準二相交流による回転磁界 ………………………………………… 31
　　8・5　楕円回転磁界の分解 ………………………………………………… 31

9　楕円回転磁界（その2）

　　9・1　対称三相交流の作る磁界で1相が逆になった場合 ……………… 33
　　9・2　三相磁界で1相が除かれた（断線の）場合 ……………………… 36
　　9・3　V結線 による回転磁界 …………………………………………… 39

10　三相回路高調波の相回転と三相ひずみ波による回転磁界

　　10・1　ひずみ波三相交流の高調波の相回転 …………………………… 41
　　10・2　ひずみ波三相交流による回転磁界 ……………………………… 42

1 回転磁界とは

1・1 平衡三相交流と対称三相コイルで作られる磁界

右手親指の規約

電流の通ずるコイルはその中心においては，図1・1(a)のようにコイル面と直角方向に磁界を作り，その方向は**右手親指の規約**などでわかることはよく知られている．そこで図(b)のように空間的に120°ずつ離れて配置された3組の巻線に，正弦波の平衡三相交流 i_a, i_b, i_c が通ずるときに作る磁界を考えよう．

いま図(b)の矢印の向きに電流が通ずるとするとき(これを正の向きとする)，発生する磁界は，たとえば i_a のみによる磁界を考えると図(c)のようになることが想像され，実際はこれに i_b, i_c による磁界が混在して空間に分布することになる．これら三つの磁界を集約的に描き直すと図(d)のようになろう．そこでこの向きを正の向きとし，最大値を図示のように H_{am}, H_{bm}, H_{cm} としよう．

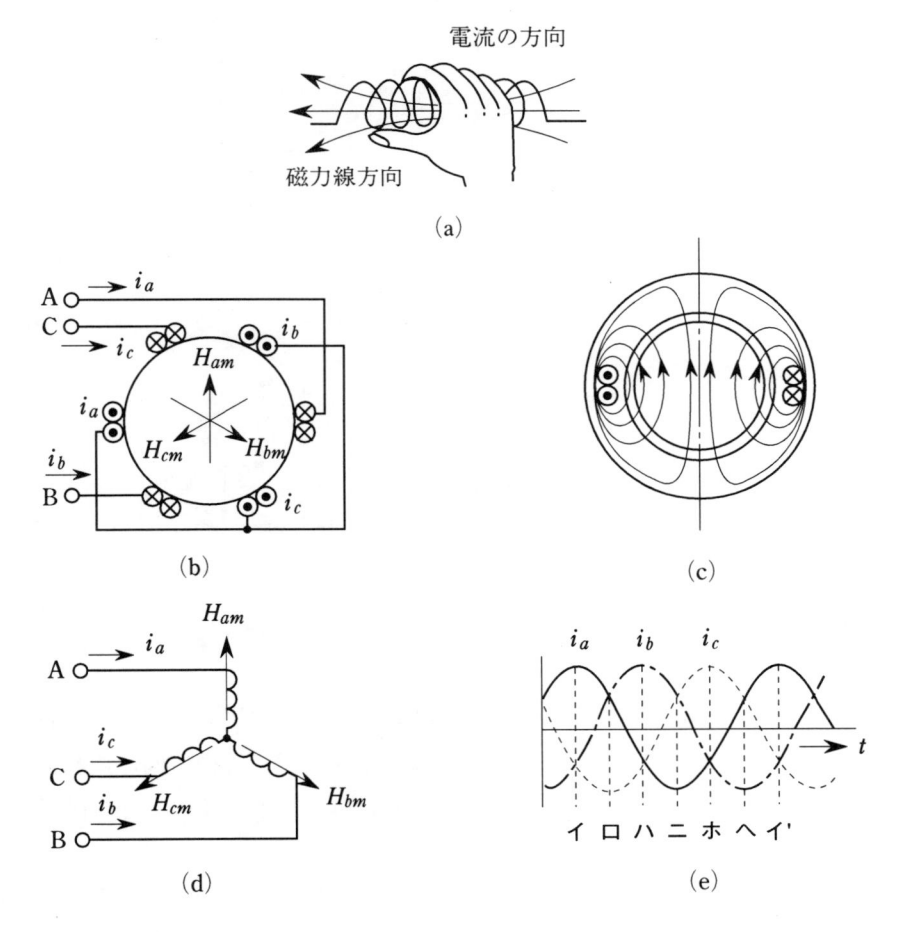

図 1・1

1 回転磁界とは

交番ベクトル

正弦波交番磁界

ここで各巻線の作る磁界を**交番ベクトル**すなわち正方向,負方向に大きさが交番的に変化するベクトルで代表させるとそれぞれ図(b),図(d)は,矢印の向きを軸とする最大値 H_{am}, H_{bm}, H_{cm} なる**正弦波交番磁界** h_a, h_b, h_c を表していることになろう.

そこで図(e)を見ながら代表的にイロハニホへ各瞬時の磁界を,各瞬時の電流の向きと大きさに注目しながら,また,その結果を集約した**図1・2**を見ながら調べてみよう.たとえば,A線の電流が最大値 i_{am} のときイでは $i_a = -i_b - i_c$ で, i_b の作る磁界 h_b と, i_c の作る磁界 h_c はそれぞれ磁界の正の向きとは逆方向に生じ,その合成 $(h_b + h_c)$ は H_{am} と同じ方向である.そのほかの条件でも相が変わるだけで同じ関係になろう.

つぎに大きさの関係であるが,各相の作る**磁界の最大値**を代表的に H_m で表して前記のイの例で続けて考えよう. h_b と h_c の大きさはそれぞれ最大値 $H_{bm} = H_{cm} = H_m$ の1/2で, $|h_b| = |h_c| = (1/2)H_m$, H_{am} との間の相差角は図1・2イからそれぞれ60°電気角であることがわかる.すると $(h_b + h_c)$ の大きさは $H_m/2$ でなければならない.

磁界の最大値

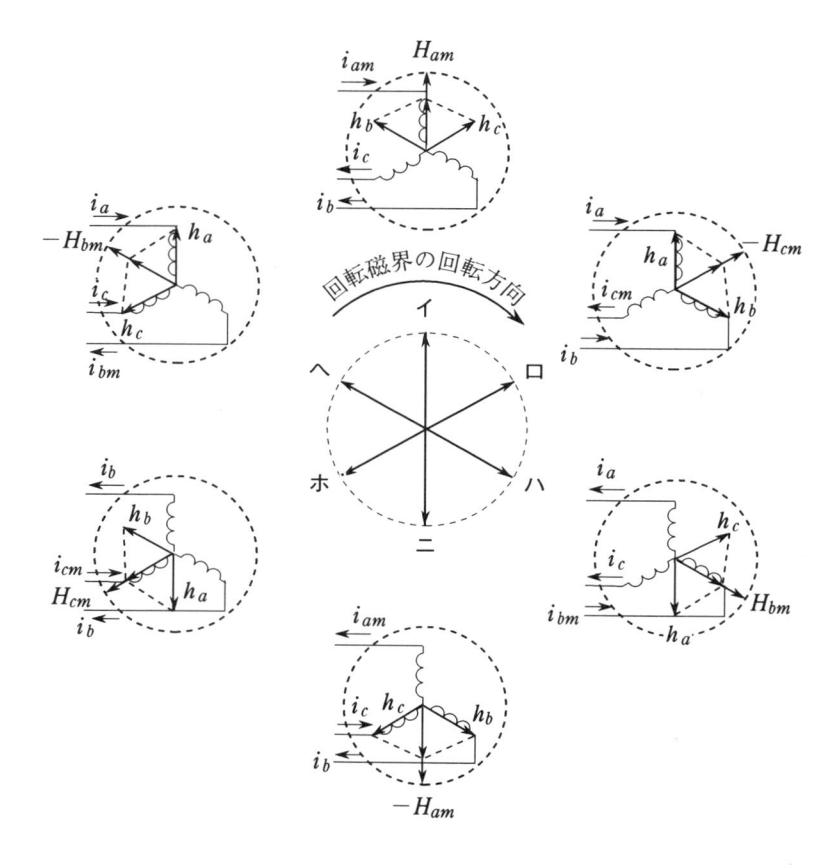

図1・2

合成磁界

したがって,全体の**合成磁界**は $H_m + (H_m/2) = (3/2)H_m$ となる.すなわち,合成磁界は,一相の最大値 H_m の3/2倍で,その方向はつねに変わっていて,ちょうどA相が1サイクルしてイ'の瞬時には,以前のイのときの磁界にもどっていることがわかる.

回転磁界

つまり平衡三相交流の作る磁界は,対称三相各巻線の作る磁界は交番磁界であるが,その合成した磁界は,回転する磁界ー**回転磁界**ーといえる.

1·2　回転磁界および回転磁界の速度

さて前項で回転磁界といったのであるが，つまり合成磁界の向きが空間に対して

回転磁界　回転するとき**回転磁界**(rotating field)といったのである．つぎにその大きさであるが，前記以外の瞬時の大きさはどうなっているかは，まだ吟味していないが，もしその

不変回転磁界　大きさが不変ならば**不変回転磁界**，そうして，それを代表する回転ベクトルの軌跡

円形回転磁界　は円となるので，**円形回転磁界**などと呼ぶ．

さてその速度あるいは角速度であるが，これも刻々ちがう場合も，一定である場合もあろう．大きさ，速度などが異なれば，不変回転磁界とは別の形の回転磁界となることはいうまでもない．これらについては後章で研究することにする．

さて前項の例で三相交流の作る回転磁界の速度を調べてみよう．三相交流なので規則正しいくり返しの変化であり**図1·2**の**イロハ**……などの位置にくる時間的関係も周期的で，**イロハ**……各瞬時を各ステップとして考えれば一定の速度で回転していると考えられる関係である．

図1·1，**図1·2**はもっとも簡単な2極の場合を想定したものである．これが4極では空間角180°の間で，一般にp極では空間角360°/(p/2)で同様の事情にあると考えてよい．すると，周波数をf〔Hz〕とすれば，

2極では1〔Hz〕，(1/f)〔s〕間に1回転

p極では1〔Hz〕，(1/f)〔s〕間に(2/p)回転

回転速度　したがって**回転速度**n_s〔rps〕は，

$$n_s = \frac{2/p}{1/f} = \frac{2f}{p} \quad \text{〔rps〕}$$

1分間の回転数N_s〔rpm〕に換算すれば

$$N_s = 60n_s = \frac{2\times 60f}{p} = \frac{120f}{p} \quad \text{〔rpm〕}$$

同期速度　このn_s，N_sは**同期速度**といわれるもの，そのものである．すなわち三相交流の作る回転磁界の速度は同期速度であるということがわかろう．

2 二相交流による回転磁界

2・1 二相交流

いまある電機子上に二つの巻線が90°離れて巻いてある場合の発生起電力 e_a, e_b を考えよう．対称三相交流の発生のところで説明したように，e_a を基準にとり，巻線そのほかの条件は等しいとすれば，

$$e_a = E_m \sin \omega t$$
$$e_b = E_m \sin\left(\omega t - \frac{\pi}{2}\right) = E_m \sin(\omega t - 90°)$$

二相起電力 となる．これを一括して**二相起電力**という．

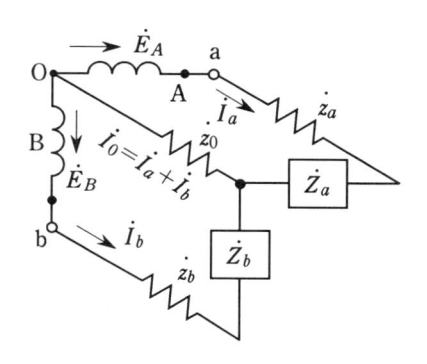

図2・1

二相3線式 この e_a, e_b は単独に使えば単相電圧であるが，三相式のY結線のように一端を共通に結び，負荷インピーダンス $\dot{Z}_a$, $\dot{Z}_b$ を図2・1のように結べば**二相3線式**として使うことができる．図2・1では e_a, e_b の実効値を $\dot{E}_A$, $\dot{E}_B$ で表し $\dot{E}_A$ を基準にとり，大きさを E で表せばaO間，bO間の線間電圧は，それぞれ $\dot{E}_A$, $\dot{E}_B$ でありab間の端子電圧 $\dot{V}_{ab}$ は

$$\dot{V}_{ab} = \dot{E}_A - \dot{E}_B = E - (-jE) = E + jE$$

これは図2・2のベクトル図より明らかなように，大きさは $\sqrt{2}\,E_A$（あるいは $\sqrt{2}\,E_B$）で，$\dot{E}_A$ よりさらに45°進んでいる．

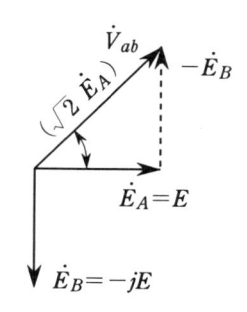

図2・2

—4—

また電流はキルヒホッフの法則により，

$$\dot{E}_A = E = (\dot{z}_a + \dot{Z}_a + \dot{z}_0)\dot{I}_a + \dot{z}_0 \dot{I}_b$$
$$\dot{E}_B = -jE = (\dot{z}_b + \dot{Z}_b + \dot{z}_0)\dot{I}_b + \dot{z}_0 \dot{I}_a$$

から決定される．もし平衡負荷で $\dot{Z}_a = \dot{Z}_b$ とし，a線，b線のインピーダンスは等しく $\dot{z}_a = \dot{z}_b$ であるとすれば $\dot{I}_a$, $\dot{I}_b$ は互いに90°の位相差をもち，$\dot{I}_0$ は $\dot{I}_a$ と $\dot{I}_b$ との和で，その大きさは $\dot{I}_a$ または $\dot{I}_b$ の $\sqrt{2}$ 倍，$\dot{I}_a$ よりの遅れ角が45°なる**平衡二相交流**となる（図2·3）．

平衡二相交流

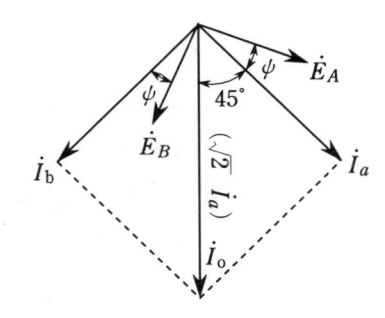

図2·3

2·2　平衡二相交流による回転磁界

コイルに電流を通ずるとき，その中心Oにおいてはコイル面と直角方向に磁界を作ることは章の始めに述べたが，いま**図2·4**のように空間において互いに90°を隔てて配置された2個の相等しいコイルA，Bに平衡二相交流が供給されたとすれば，中心Oに生ずる磁界は，

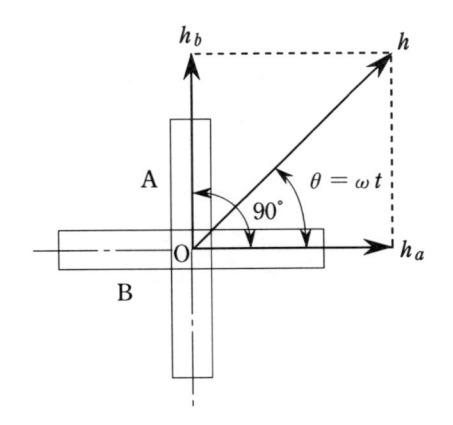

図2·4

コイルAの $I_m \cos\omega t$ *により $h_a = H_m \cos\omega t$

コイルBの $I_m \cos(\omega t - 90°) = I_m \sin\omega t$ により $h_b = H_m \sin\omega t$

で表すことができる．これを図のベクトル h_a, h_b で表すことにしよう（ただし静止ベクトルではなく交番ベクトルであることに注意，以下，磁界を便宜上ベクトルで代表させていくことにする）．

---

* $I_m \sin\omega t$ としてもよいが，正弦量はcosineにて表す方が便利なことが多いのでこれによった．

したがって中心における磁界hは，図および式からh_aとh_bの合成を求めればよく，

$$h = \sqrt{h_a^2 + h_b^2} = H_m\sqrt{\cos^2\omega t + \sin^2\omega t} = H_m$$

となり，まずH_mなる一定の強さであることが注目される．つぎにhとh_aとのなす角をθとすれば，

$$\tan\theta = \frac{h_b}{h_a} = \frac{H_m\sin\omega t}{H_m\cos\omega t} = \frac{\sin\omega t}{\cos\omega t} = \tan\omega t$$

$$\therefore \quad \theta = \omega t, \quad \frac{d\theta}{dt} = \omega \quad (\text{角速度})$$

合成磁界　　すなわち各コイルの作る磁界は交番磁界であるにもかかわらず，**合成磁界**の大きさは不変にてH_m（一相の作る磁界の最大値）その偏角は時々刻々変わり，ωなる一定の角速度にてその方向を変える，不変回転磁界であることがわかる．

3 同大・互に逆転する二つの回転磁界の合成および交番磁界の分解

3・1 互に逆回転する同大の二つの回転磁界の合成

回転磁界

ここで回転磁界を理解するのにとられている一つの有用な手法について調べておこう．なお以下，回転ベクトルをもって**回転磁界**を代表させて考えてゆく．

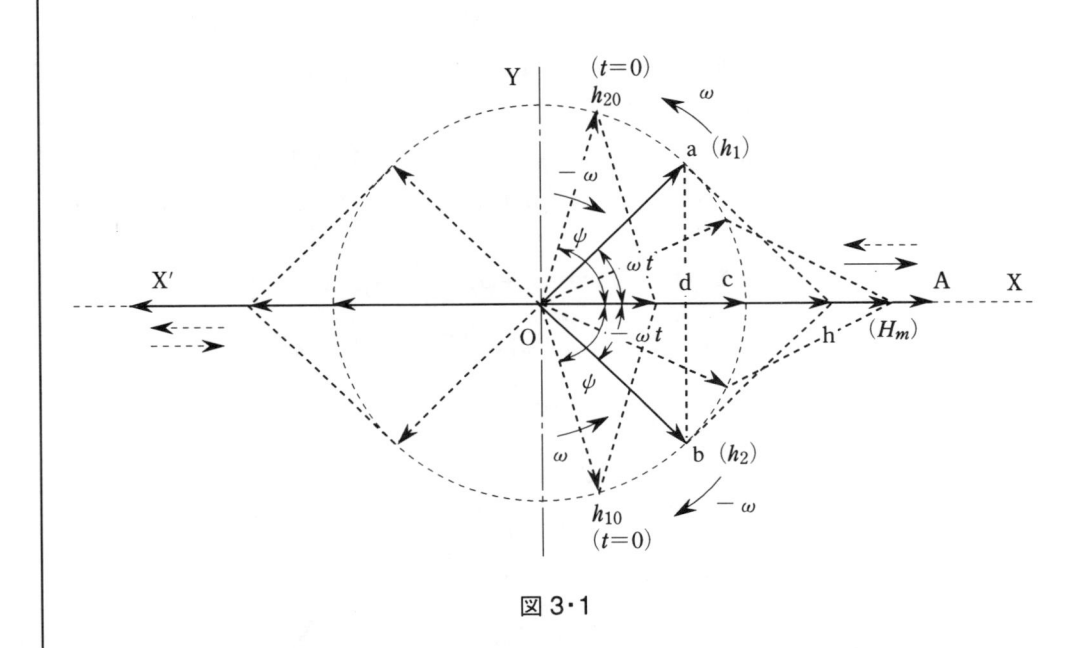

図3・1

図3・1は，同一角速度ωをもって互いに反対方向に回転する同じ大きさの回転磁界h_1, h_2の合成が，同一の周期をもって交番変化する磁界hであることを示すものである．改めて図3・1を見直してみよう．

条件としては

大きさ　　$\overrightarrow{Oa} = \overrightarrow{Ob}$ または $h_1 = h_2$

回転方向 ⎫　$\overrightarrow{Oa}(h_1)$ ；反時計式方向（角速度 ω）
と角速度 ⎭　$\overrightarrow{Ob}(h_2)$ ；時計式方向（角速度 $-\omega$）

で，この二つの合成は図で$\overrightarrow{Oh}$となり時間の経過とともに（$\overrightarrow{Oa}$, $\overrightarrow{Ob}$の位置の変化で）その大きさが変化する．

いまOX線を基準にとって，これより同大の二つの回転磁界が互いに反対方向に等しい値の角速度で出発するとすれば，その合成は

$t=0$, $\theta=\omega t=0$ では，$\overrightarrow{Oh}=\overrightarrow{Oa}+\overrightarrow{Ob}=2\overrightarrow{Oc}=\overrightarrow{OA}=H_m$

$\omega t=90°$ では，$\overrightarrow{Oa}$ と $\overrightarrow{Ob}$ は同大逆向きで $\overrightarrow{Oh}=0$

$\omega t>90°$ では OX′線側に移り，

$\omega t=180°$ で $\overrightarrow{Oh}=-\overrightarrow{AO}=-H_m$

また合成した交番磁界の大きさであるが，これは前記の説明から明らかなように，その最大値は回転磁界の大きさの2倍であることもわかろう．

3・2　正弦波交番磁界の分解

交番磁界　　前項での事実を逆に考えると，これは，一つの**交番磁界**が，これと同一の周期で互いに反対方向に回転する二つの回転磁界に分解できることにほかならない．もちろん回転磁界の大きさは交番磁界の最大値の1/2である．

まず交番磁界が $h=H_m\cos(\omega t+\varphi)$ で表せるとし，図3・1のように分解した二つの回転磁界 h_1, h_2 の $t=0$ における位置をここでは h_{10}, h_{20} としよう．任意の時間 t においては，それぞれ ωt 回転して $\overrightarrow{Oa}$, $\overrightarrow{Ob}$ の向きをとり，その合成すなわち $\overrightarrow{Oa}$ と $\overrightarrow{Ob}$ のベクトル和は，$\overrightarrow{Oh}$ の向き，すなわちX軸方向にあるとすると，その大きさは

$$h=\overrightarrow{Oh}=\overrightarrow{Oa}\cos(\omega t+\varphi)+\overrightarrow{Ob}\cos\{-(\omega t+\varphi)\}$$
$$=\frac{H_m}{2}\cos(\omega t+\varphi)+\frac{H_m}{2}\cos\{-(\omega t+\varphi)\}$$
$$=H_m\cos(\omega t+\varphi)$$

さらにY軸方向の成分は，

$$\frac{H_m}{2}\sin(\omega t+\varphi)+\frac{H_m}{2}\sin-(\omega t+\varphi)=0$$

正弦波交番磁界　　すなわち**正弦波交番磁界**は，互いに等しい角速度で正・逆方向に回転する二つの不変回転磁界に分解でき，また，この二つの不変回転磁界の合成は，正弦波交番磁界にまったく一致している．

3・3　ベクトルの指数関数表示による検討

図3・1で $\overrightarrow{Oh}=\overrightarrow{Od}+\overrightarrow{dh}$, $\overrightarrow{Od}=\overrightarrow{Oh}/2$ で，$\overrightarrow{Oh}=h=H_m\cos(\omega t+\varphi)$ であるから，分解した回転磁界 h_1 および h_2 は，最大値 $H_m/2$ の不変磁界が回転するわけで，h を指数関数で表せば，

$$h=H_m\cos(\omega t+\varphi)=\frac{H_m}{2}\cos(\omega t+\varphi)+\frac{H_m}{2}\cos(\omega t+\varphi)$$

3·4　正弦波交番磁界が二つの逆回転する同大の回転磁界に分解できることを応用すれば平衡二相交流による回転磁界は

$$= \frac{H_m}{2}\bigl[\{\cos(\omega t+\varphi)+j\sin(\omega t+\varphi)\}+\{\cos(\omega t+\varphi)-j\sin(\omega t+\varphi)\}\bigr]^{*}$$

$$= \frac{H_m}{2}\varepsilon^{j(\omega t+\varphi)} + \frac{H_m}{2}\varepsilon^{-j(\omega t+\varphi)}$$

$$= \frac{H_m}{2}\varepsilon^{j\omega t}\varepsilon^{j\varphi} + \frac{H_m}{2}\varepsilon^{-j\omega t}\varepsilon^{-j\varphi}$$

$$= \frac{H_m}{2}\angle[+(\omega t+\varphi)] + \frac{H_m}{2}\angle[-(\omega t+\varphi)]$$

この結果の意味するところはつぎのように解釈される．

$\dfrac{H_m}{2}$：他量に関係した要素を含まないので一定量，すなわち分解した回転磁界は一定値である．

$\varepsilon^{j\omega t}$：角速度ωで反時計式方向に回転する絶対値1なるベクトル．$\varepsilon^{-j\omega t}$は回転方向が反対．

$\varepsilon^{\pm j\varphi}$：位置に関する係数で，$\varepsilon^{\pm j\omega t}$なる状態よりつねに$\pm\varphi$だけ，進みまたは遅れていることを表す．

角速度　ここで回転する**角速度**を検討してみると，

$$\frac{d(\omega t+\varphi)}{dt}=\omega,\quad \frac{d[-(\omega t+\varphi)]}{dt}=-\omega$$

となり，一定値$|\omega|$であるが互いに反対方向であることもはっきりとわかる．

3·4　正弦波交番磁界が二つの逆回転する同大の回転磁界に分解できることを応用すれば平衡二相交流による回転磁界は

$$h_a = \frac{H_m}{2}\varepsilon^{j\omega t} + \frac{H_m}{2}\varepsilon^{-j\omega t}$$

$$h_b = \frac{H_m}{2}\varepsilon^{j\left(\omega t-\frac{\pi}{2}\right)} + \frac{H_m}{2}\varepsilon^{j\left(\omega t-\frac{\pi}{2}\right)}$$

ところで上の関係は単なる時間的関係であるからこれに空間的関係を含ませると，h_aを基準にとればh_bはこれより電気角$\pi/2$だけ進んでいるから

$$h_a = \frac{H_m}{2}\bigl\{\varepsilon^{j\omega t}\cdot\varepsilon^{0} + \varepsilon^{-j\omega t}\cdot\varepsilon^{0}\bigr\}$$

---

*　$\left.\begin{array}{l}\varepsilon^{j\theta}=\cos\theta+j\sin\theta\\ \varepsilon^{-j\theta}=\cos\theta-j\sin\theta\end{array}\right\}\ \therefore\ \begin{cases}\cos\theta=\dfrac{1}{2}(\varepsilon^{j\theta}+\varepsilon^{-j\theta})\\ \sin\theta=\dfrac{1}{2j}(\varepsilon^{j\theta}-\varepsilon^{-j\theta})\end{cases}$

であるから，この結果を用いて，ただちに分解してもよい．

3 同大・互に逆転する二つの回転磁界の合成および交番磁界の分解

$$h_b = \frac{H_m}{2}\left\{\varepsilon^{j\left(\omega t-\frac{\pi}{2}\right)}\cdot\varepsilon^{j\frac{\pi}{2}} + \varepsilon^{-j\left(\omega t-\frac{\pi}{2}\right)}\cdot\varepsilon^{j\frac{\pi}{2}}\right\}^{*}$$

$$= \frac{H_m}{2}\left(\varepsilon^{j\omega t}\cdot\varepsilon^{-j\frac{\pi}{2}}\cdot\varepsilon^{j\frac{\pi}{2}} + \varepsilon^{-j\omega t}\cdot\varepsilon^{j\frac{\pi}{2}}\cdot\varepsilon^{j\frac{\pi}{2}}\right)$$

$$= \frac{H_m}{2}\left(\varepsilon^{j\omega t}\cdot\varepsilon^{0} + \varepsilon^{-j\omega t}\cdot\varepsilon^{j\pi}\right)$$

ところで，$\varepsilon^{0}=1$，$\varepsilon^{j\pi}=-1$であるから結局

$$h_b = \frac{H_m}{2}\varepsilon^{j\omega t} - \frac{H_m}{2}\varepsilon^{-j\omega t}$$

したがって合成磁界は

$$h = h_a + h_b = \frac{H_m}{2}\left(\varepsilon^{j\omega t} + \varepsilon^{-j\omega t} + \varepsilon^{j\omega t} - \varepsilon^{-j\omega t}\right)$$

$$= \frac{H_m}{2}\times 2\times\varepsilon^{j\omega t} = H_m\varepsilon^{j\omega t}$$

となって，大きさは不変のH_mで，角速度ωで回転する回転磁界となることがわかる．

---

* $\varepsilon^{0}=1$；ベクトルを進めも遅らせもしない．

$\varepsilon^{j\pi}=-1$；ベクトルの大きさを変えず反対向きにする．

また，ベクトルにjを乗ずることは，そのベクトルの大きさを変えずに$\pi/2$だけ進めることであるが，$\varepsilon^{j\frac{\pi}{2}}$を乗じても同じであることを改めて認識していただきたい．数式的に改めてみれば，

$$\varepsilon^{j\frac{\pi}{2}} = \cos\frac{\pi}{2} + j\sin\frac{\pi}{2} = 0 + j = j$$

$$\varepsilon^{j\pi} = \cos\pi + j\sin\pi = -1 + 0 = -1 = j^{2}$$

となることである．

4 平衡三相交流による回転磁界(1)

4・1 図解的に正弦波交番磁界の分解を利用して

まずコイルの配置や磁界の正の向きなどは，1・1のままとし，A, B, C相で作る交番磁界を，前項の手法で，それぞれ絶対値がOAである $\overrightarrow{OA_1}$, $\overrightarrow{OA_2}$, $\overrightarrow{OB_1}$, $\overrightarrow{OB_2}$, $\overrightarrow{OC_1}$, $\overrightarrow{OC_2}$ なる回転磁界に分解して考えよう．ここで添字1はω，添字2は$-\omega$なる角速度で回転するものとし，A相最大値の場合を例にとって**図4・1**を参照しつつベクトルで表してみると**図4・2**のようである．まずA相であるが，Aコイル軸（以下，コイルA, B, Cに応じてA, B, C軸という）を起点としてまさに出発しようとしており，その合成値は2OAで**交番磁界の最大値**である．B相では分解した回転磁界はなお120°回転してB相コイルの位置に到着する瞬時にある．すなわち時計式に回転する $\overrightarrow{OB_1}$ はB軸上に，反時計式に回転する $\overrightarrow{OB_2}$ はC軸上にあるわけである．またその瞬間にC相では240°だけ回ってC軸に達する位置にあるわけで，時計式回転の $\overrightarrow{OC_1}$ はA軸に，反時計式回転の $\overrightarrow{OC_2}$ はC軸にある．

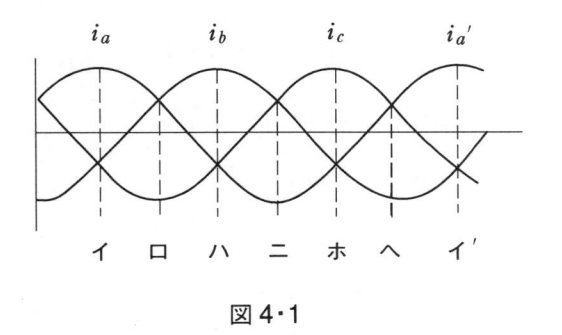

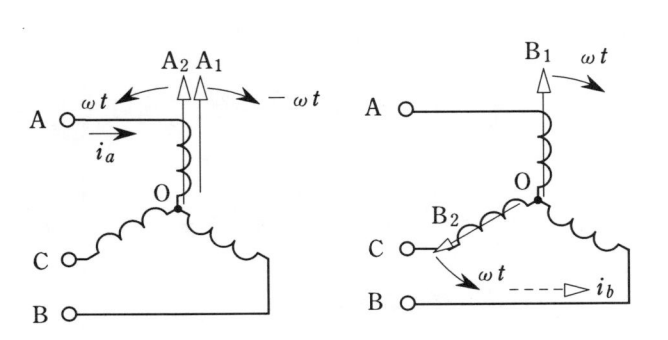

交番磁界の
最大値

図4・1

4 平衡三相交流による回転磁界(1)

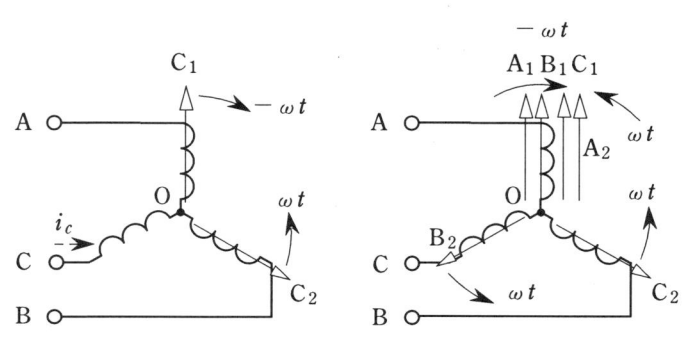

図4・2

以上を総合して考えると上図の右に示すように，全て時計式に回転する$\overrightarrow{OA_1}$, $\overrightarrow{OB_1}$, $\overrightarrow{OC_1}$は同相でA軸に重なり，その和は3OAとなっており，また，反時計式に回転する$\overrightarrow{OA_2}$, $\overrightarrow{OB_2}$, $\overrightarrow{OC_2}$はそれぞれ120°ずつの相差を有し，A，B，C軸上にあり，そのベクトル合成は明らかに0である．つまり，結局のところ，3OAなる大きさを有し時計式に回転する磁界だけが残るわけである．

さて各相の作る交番磁界の大きさH_mは2OAであり，合成した回転磁界の大きさは，3OAであるから，H_mの3/2倍すなわち$(3/2)H_m$で，時間に対して不変であることもわかろう．

4・2 ベクトルの指数関数表示を利用して

各相コイルの作る磁界をそれぞれh_a, h_b, h_cとし，

$$\left.\begin{array}{l}h_a = H_m \cos\omega t \\ h_b = H_m \cos\left(\omega t - \dfrac{2\pi}{3}\right) \\ h_c = H_m \cos\left(\omega t - \dfrac{4\pi}{3}\right)\end{array}\right\}$$

で表せるとしよう．基準相をh_aにとれば，h_bはh_aから空間的にも時間的にも$2\pi/3$遅れ，h_cは$4\pi/3$遅れており，$\cos\omega t = (\varepsilon^{j\omega t} + \varepsilon^{-j\omega t})/2$で表せることを考慮すれば，

$$h_a = \frac{H_m}{2}\left(\varepsilon^{j\omega t} + \varepsilon^{-j\omega t}\right)$$

$$h_b = \frac{H_m}{2}\left\{\varepsilon^{j\left(\omega t - \frac{2\pi}{3}\right)}\varepsilon^{-j\frac{2\pi}{3}} + \varepsilon^{-j\left(\omega t - \frac{2\pi}{3}\right)}\varepsilon^{-j\frac{2\pi}{3}}\right\}$$

$$h_c = \frac{H_m}{2}\left\{\varepsilon^{j\left(\omega t - \frac{4\pi}{3}\right)}\varepsilon^{-j\frac{4\pi}{3}} + \varepsilon^{-j\left(\omega t - \frac{4\pi}{3}\right)}\varepsilon^{-j\frac{4\pi}{3}}\right\}$$

合成磁界　したがって**合成磁界H**は，

$$H = h_a + h_b + h_c$$

4・2 ベクトルの指数関数表示を利用して

$$= \frac{H_m}{2} \times 3\varepsilon^{-j\omega t} = \frac{3}{2} H_m \varepsilon^{-j\omega t}$$

$$= \frac{3}{2} H_m (\cos\omega t - j\sin\omega t)$$

これは | | 内の第1項の和が

$$\varepsilon^{j\omega t} + \varepsilon^{j\omega t}\varepsilon^{-j\frac{2\times 2\pi}{3}} + \varepsilon^{j\omega t}\varepsilon^{-j\frac{2\times 4\pi}{3}} = \varepsilon^{j\omega t}\left(1 + \varepsilon^{-j\frac{4\pi}{3}} + \varepsilon^{-j\frac{8\pi}{3}}\right)$$

$$= \varepsilon^{j\omega t} \times 0 = 0$$

で，絶対値相等しく互いに$2\pi/3$（$4\pi/3$の値は$2\pi/3$，$8\pi/3$の値は$4\pi/3$の値に同じ）ずつの相差あるベクトル和で，明らかに0となるからである．

すなわち磁界の回転方向は時計式の方向で，大きさは$3H_m/2$で一定の回転磁界であることがわかる．

5 平衡三相交流による回転磁界 (2)

5・1 ベクトル図と三角公式を利用して

平衡三相交流

平衡三相交流の作る磁界を h_a, h_b, h_c とし，

$$\left.\begin{array}{l} h_a = H_m \sin \omega t \\ h_b = H_m \sin\left(\omega t - \dfrac{2\pi}{3}\right) \\ h_c = H_m \sin\left(\omega t - \dfrac{4\pi}{3}\right) \end{array}\right\}\ \text{*}$$

これを図5・1(a)のベクトル図**で表せるとして，これらの合成を考えてみよう．

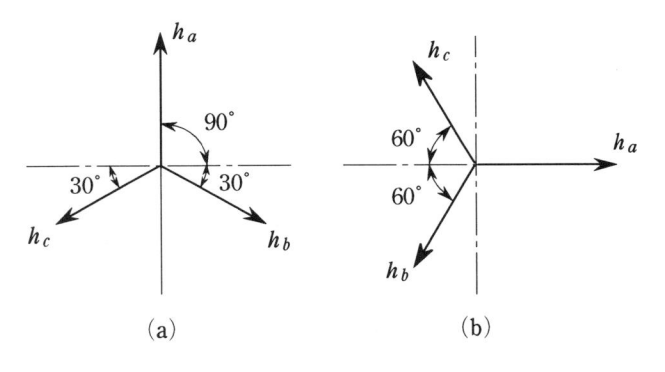

(a)　　　　　(b)

図5・1

このような計算はX軸，Y軸成分に分解して考えるとよい．
このX軸成分を H_x, Y軸成分を H_y とすれば，

$$\begin{aligned} H_x &= h_a \cos 90° + h_b \cos(-30°) + h_c \cos(-150°) \\ &= 0 + h_b \cos 30° - h_c \cos 30° \\ &= H_m \cos 30° \left\{ \sin\left(\omega t - \dfrac{2\pi}{3}\right) - \sin\left(\omega t - \dfrac{4\pi}{3}\right) \right\} \end{aligned}$$

---

* sineで表示したが，cosineで表示してもよい．
** 図5・1(b)のように表して計算してもよい．

5·1 ベクトル図と三角公式を利用して

$$= \frac{\sqrt{3}}{2} H_m \left\{ \sin\omega t \left(-\frac{1}{2} + \frac{1}{2}\right) - \cos\omega t \left(\frac{\sqrt{3}}{2} + \frac{\sqrt{3}}{2}\right) \right\} \quad *$$

$$= \frac{\sqrt{3}}{2} H_m \left(-\frac{2\sqrt{3}}{2} \cos\omega t\right)$$

$$= -\frac{3}{2} H_m \cos\omega t$$

$$H_y = h_a + h_b \sin(-30°) + h_c \sin(-150°)$$

$$= h_a - h_b \sin 30° - h_c \sin 30°$$

$$= H_m \left[\sin\omega t - \sin 30° \left\{ \sin\left(\omega t - \frac{2\pi}{3}\right) + \sin\left(\omega t - \frac{4\pi}{3}\right) \right\} \right] \quad **$$

$$= H_m \left[\sin\omega t - \frac{1}{2} \left\{ \sin\omega t \left(-\frac{1}{2} - \frac{1}{2}\right) - \cos\omega t \left(\frac{\sqrt{3}}{2} - \frac{\sqrt{3}}{2}\right) \right\} \right]$$

$$= H_m \left(\sin\omega t + \frac{1}{2} \sin\omega t \right)$$

$$= \frac{3}{2} H_m \sin\omega t$$

合成磁界 したがって**合成磁界** H ならびにその方向は,X軸から負の方向にとった角を θ (空間角)とすれば,

$$H = \sqrt{H_x{}^2 + H_y{}^2} = \frac{3}{2} H_m \sqrt{\cos^2 \omega t + \sin^2 \omega t}$$

$$= \frac{3}{2} H_m$$

$$\tan\theta = \frac{-H_y}{H_x} = \frac{-\dfrac{3}{2} H_m \sin\omega t}{-\dfrac{3}{2} H_m \cos\omega t} = \tan\omega t$$

$$\therefore \quad \theta = -\omega t$$

すなわち,時間に関係なく一定で,一相の作る磁界の強さの3/2倍で,不変磁界であること,また ω なる一定角速度で回転し,その方向は,t の増加に伴って $h_a \to h_b \to h_c$ の方向で時計式方向であることがわかる.この方向はいうまでもなく相回転方向と一致していることに注意していただきたい.

---

* $\sin(A-B) = \sin A \cos B - \cos A \sin B$ で展開し,

$$\left. \begin{array}{l} \cos\dfrac{2\pi}{3} = -\dfrac{1}{2}, \quad \cos\dfrac{4\pi}{3} = -\dfrac{1}{2} \\ \sin\dfrac{2\pi}{3} = \dfrac{\sqrt{3}}{2}, \quad \sin\dfrac{4\pi}{3} = -\dfrac{\sqrt{3}}{2} \end{array} \right\} \quad \left. \begin{array}{l} \cos 60° = \dfrac{1}{2}, \quad \cos 30° = \dfrac{\sqrt{3}}{2} \\ \sin 60° = \dfrac{\sqrt{3}}{2}, \quad \sin 60° = \dfrac{1}{2} \end{array} \right\}$$

であることを考慮して計算すればよい.

** $\sin(A+B) = \sin A \cos B + \cos A \sin B$ で展開し,*での値を考慮して計算すればよい.

5・2 j複素記号表示を利用して

j記号式によるベクトル表示を用い,図5・1(a)を例にとって調べてみよう.垂直分にjを付し記号的に表せば,つぎのようになろう.

$$\begin{aligned}H &= H_x + jH_y \\ &= \frac{3}{2}H_m(-\cos\omega t + j\sin\omega t) \\ &= \frac{3}{2}H_m\{\cos(\pi-\omega t) + j\sin(\pi-\omega t)\} \\ &= \frac{3}{2}H_m\varepsilon^{j(\pi-\omega t)} = \frac{3}{2}H_m\varepsilon^{j\pi}\cdot\varepsilon^{-j\omega t}\end{aligned}$$

この式の意味するところはつぎのようである.

$\frac{3}{2}H_m$; H_mの大小のみに関係しH_m一定ならば不変量である.すなわち合成磁界は不変である.

$\varepsilon^{-j\omega t}$; ωなる角速度をもって,遅れの方向,すなわち相順の向きに回転する半径1のベクトル.

$\varepsilon^{j\pi}$; 位置に関する因数で,つねに$\varepsilon^{-j\omega t}$なる状態からπだけ進んでいることを示す.

たとえば$\omega t = \pi/2$なる瞬間を考えると,

$$h_a = H_m\sin\omega t = H_m\sin(\pi/2) = H_m \text{(最大値)}$$

$$h = \frac{3}{2}H_m\varepsilon^{j\pi}\varepsilon^{-j\frac{\pi}{2}} = \frac{3}{2}H_m\varepsilon^{j\frac{\pi}{2}}$$

すなわち,h_aの方向である図5・1(a)の垂直方向,Y軸方向に合成磁界があり,その値は$(3/2)H_m$であることを示す.つまり,コイルAに通ずる電流が最大の場合には,合成磁界の方向はそのコイルAの作用する磁界の方向に一致することを示すものである.

6 平衡三相交流による回転磁界(3)
相順が逆になった場合

6・1 ベクトル図と三角公式を利用して

　平衡三相交流による回転磁界で，ある二つの相が入れ換わった場合の影響をこれから調べようとするのであるが，結論的にいえば交番磁界の大きさが変わらない限り，**合成磁界の回転方向が逆になるだけ**である．

　この説明を演習の意味で，さらに，前項では磁界をsine表示したのであるが，ここではcosine表示して，B相とC相を入れ換えて計算してみることにしよう．

　平衡三相交流による磁界をh_a, h_b, h_cとし，

$$\left.\begin{array}{l} h_a = H_m \cos\omega t \\ h_b = H_m \cos\left(\omega t - \dfrac{2\pi}{3}\right) \\ h_c = H_m \cos\left(\omega t - \dfrac{4\pi}{3}\right) \end{array}\right\}$$

で示し，**図6・1**で表すとして，これらの**合成磁界**を考えてみよう．

<全般余白注記: 合成磁界の回転方向／合成磁界>

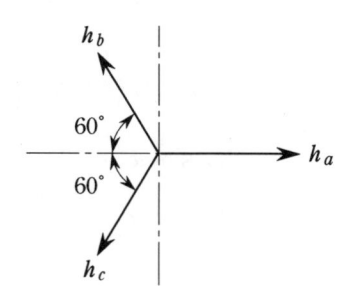

図6・1

$$\begin{aligned} H_x &= h_a + h_b \cos(-240°) + h_c \cos(-120°) \\ &= h_a - h_b \cos 60° - h_c \cos 60° = h_a - \frac{1}{2}h_b - \frac{1}{2}h_c \\ &= H_m \left[\cos\omega t - \frac{1}{2}\left\{\cos\left(\omega t - \frac{2\pi}{3}\right) + \cos\left(\omega t - \frac{4\pi}{3}\right)\right\}\right] \\ &= H_m \left[\cos\omega t - \frac{1}{2}\left\{2\cos\frac{\left(\omega t - \frac{2\pi}{3}\right) + \left(\omega t - \frac{4\pi}{3}\right)}{2}\right.\right. \end{aligned}$$

6 平衡三相交流による回転磁界(3) 相順が逆になった場合

$$\times \cos \frac{\left(\omega t - \frac{2\pi}{3}\right) - \left(\omega t - \frac{4\pi}{3}\right)}{2} \Bigg] \Bigg] ^{*}$$

$$= H_m \cos\omega t - \frac{1}{2} H_m \left\{ 2\cos(\omega t - \pi)\cos\frac{\pi}{3} \right\}$$

$$= H_m \cos\omega t - \frac{1}{2} H_m \cos(\omega t - \pi)$$

$$= H_m \cos\omega t + \frac{1}{2} H_m \cos\omega t$$

$$= \frac{3}{2} H_m \cos\omega t$$

$$H_y = h_b \sin 60° - h_c \sin 60°$$

$$= \frac{\sqrt{3}}{2} \left\{ \cos\left(\omega t - \frac{2\pi}{3}\right) - \cos\left(\omega t - \frac{4\pi}{3}\right) \right\}$$

$$= \frac{\sqrt{3}}{2} H_m \left\{ -2\sin\frac{\left(\omega t - \frac{2\pi}{3}\right) + \left(\omega t - \frac{4\pi}{3}\right)}{2} \sin\frac{\left(\omega t - \frac{2\pi}{3}\right) - \left(\omega t - \frac{4\pi}{3}\right)}{2} \right\}$$

$$= \frac{\sqrt{3}}{2} H_m \left\{ -2\sin(\omega t - \pi)\sin\frac{\pi}{3} \right\}$$

$$= \frac{\sqrt{3}}{2} H_m \left\{ -2 \times (-\sin\omega t) \times \frac{\sqrt{3}}{2} \right\}$$

$$= \frac{3}{2} H_m \sin\omega t$$

$$\therefore \quad H = \sqrt{H_x{}^2 + H_y{}^2} = \frac{3}{2} H_m$$

つまり時間に関係なく一定値を有する．

つぎに H の X 軸となす傾き角を θ とすると，

$$\tan\theta = \frac{H_y}{H_x} = \frac{\frac{3}{2} H_m \sin\omega t}{\frac{3}{2} H_m \cos\omega t} = \tan\omega t$$

$$\therefore \quad \theta = \omega t \quad \frac{d\theta}{dt} = \omega$$

あるいは j 記号式で表せば，

$$H = H_x + jH_y = \frac{3}{2} H_m (\cos\omega t + j\sin\omega t) = \frac{3}{2} H_m \varepsilon^{j\omega t}$$

すなわち一定の角速度 ω（いいかえれば同期速度）で回転し，t の増加に伴って（＋）方向に増加するので，反時計式方向であり，結局のところ，相回転方向に一致することがわかる．

---

* $\cos A + \cos B = 2\cos\dfrac{A+B}{2}\cos\dfrac{A-B}{2}$

$\cos A - \cos B = -2\sin\dfrac{A+B}{2}\sin\dfrac{A-B}{2}$

6・2 各相磁界を指数関数表示で表せば

$\cos\omega t = (\varepsilon^{j\omega t}+\varepsilon^{-j\omega t})/2$ なることより

$$h_a = \frac{H_m}{2}\left(\varepsilon^{j\omega t}+\varepsilon^{-j\omega t}\right)$$

$$h_b = \frac{H_m}{2}\left\{\varepsilon^{j\left(\omega t-\frac{2\pi}{3}\right)}+\varepsilon^{-j\left(\omega t-\frac{2\pi}{3}\right)}\right\}$$

$$h_c = \frac{H_m}{2}\left\{\varepsilon^{-j\left(\omega t-\frac{4\pi}{3}\right)}+\varepsilon^{-j\left(\omega t-\frac{4\pi}{3}\right)}\right\}$$

いま h_a なる磁界が最大なる瞬間を基準にとれば, 空間的に h_b は $4\pi/3$, h_c は $2\pi/3$ 遅れているから, これらを考慮して, 式を書き換えてみると,

$$h_a' = \frac{H_m}{2}\left(\varepsilon^{j\omega t}+\varepsilon^{-j\omega t}\right)$$

$$h_b' = \frac{H_m}{2}\left\{\varepsilon^{j\left(\omega t-\frac{2\pi}{3}\right)}\varepsilon^{-j\frac{4\pi}{3}}+\varepsilon^{-j\left(\omega t-\frac{2\pi}{3}\right)}\varepsilon^{-j\frac{4\pi}{3}}\right\}$$

$$h_c' = \frac{H_m}{2}\left\{\varepsilon^{j\left(\omega t-\frac{4\pi}{3}\right)}\varepsilon^{-j\frac{2\pi}{3}}+\varepsilon^{-j\left(\omega t-\frac{4\pi}{3}\right)}\varepsilon^{-j\frac{2\pi}{3}}\right\}$$

さて, これらの式の { } 内の

第1項の和は $\dfrac{H_m}{2}\left\{\varepsilon^{j\omega t}+\varepsilon^{j\omega t}\cdot\varepsilon^{-j2\pi}+\varepsilon^{j\omega t}\cdot\varepsilon^{-j2\pi}\right\}$

$$= \frac{3}{2}H_m\varepsilon^{j\omega t}$$

第2項の和は $\dfrac{H_m}{2}\left\{\varepsilon^{-j\omega t}+\varepsilon^{-j\omega t}\cdot\varepsilon^{j\frac{2\pi}{3}}\cdot\varepsilon^{-j\frac{4\pi}{3}}+\varepsilon^{-j\omega t}\cdot\varepsilon^{j\frac{4\pi}{3}}\cdot\varepsilon^{-j\frac{2\pi}{3}}\right\}$

$$= \frac{H_m}{2}\left\{\varepsilon^{-j\omega t}+\varepsilon^{-j\omega t}\cdot\varepsilon^{-j\frac{2\pi}{3}}+\varepsilon^{-j\omega t}\varepsilon^{j\frac{2\pi}{3}}\right\}$$

$$= \frac{H_m}{2}\varepsilon^{-j\omega t}\left\{1+\varepsilon^{-j\frac{2\pi}{3}}+\varepsilon^{+j\frac{2\pi}{3}}\right\} = 0$$

すなわち $H' = h_a' + h_b' + h_c' = \dfrac{3}{2}H_m\varepsilon^{j\omega t}$

$\therefore\ H' = H$

すなわち前項までに示した事柄が, 別の見地から証明されたわけである. つまり三相交流の作る**回転磁界を逆転**させるには, 3線のうち2線を入れ換えて相回転方向を逆にすればよいことがわかる.

> 注：電気的位相と空間位置　相を入れ換えるということを具体的にいえば, 各コイルの空間位置は変わらず, そこに流入する電流の位相が変わるのであるから, 相を入れ換えたときの, 磁界の表示式としては,

回転磁界を逆転

6 平衡三相交流による回転磁界(3) 相順が逆になった場合

$$
\left.\begin{array}{l}
h_a = H_m \sin\omega t \\
h_b = H_m \sin\left(\omega t - \dfrac{4\pi}{3}\right) \\
h_c = H_m \sin\left(\omega t - \dfrac{2\pi}{3}\right)
\end{array}\right\} \quad \text{または} \quad
\left.\begin{array}{l}
h_a = H_m \cos\omega t \\
h_b = H_m \cos\left(\omega t - \dfrac{4\pi}{3}\right) \\
h_c = H_m \cos\left(\omega t - \dfrac{2\pi}{3}\right)
\end{array}\right\}
$$

と表すべきであるという意見もある.

すなわち図6・2(a)のように正規の相回転方向のときA, B, C電流の流入するコイルをそれぞれA, B, C相コイルとするとき, 図(b)のように2線を入れ換えて相回転を逆にするということは, B相コイルにC相電流が流入し, C相コイルにB相電流が流入するからという考え方である. このことは前(b)項の $h_b{}'$, $h_c{}'$ を表したときに $\varepsilon^{-j\frac{4\pi}{3}}$ などで示したように数式的にも問題になるところである.

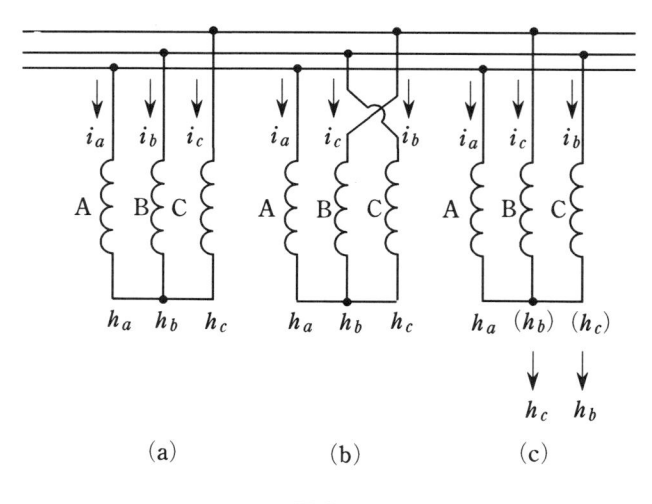

図 6・2

そうして図(c)では図(b)と相回転方向は同じであるが, 初めからB相コイルにおける磁界を h_c, C相コイルにおける磁界を h_b とした表し方をしており, 空間位置はあらかじめ考慮しておいて, 電気的位相で各記号を定めているわけである. 図6・2ではこの記法を採用しており, こういう意味で図5・1(b)と図6・1を再示してみれば明らかとなるであろう.

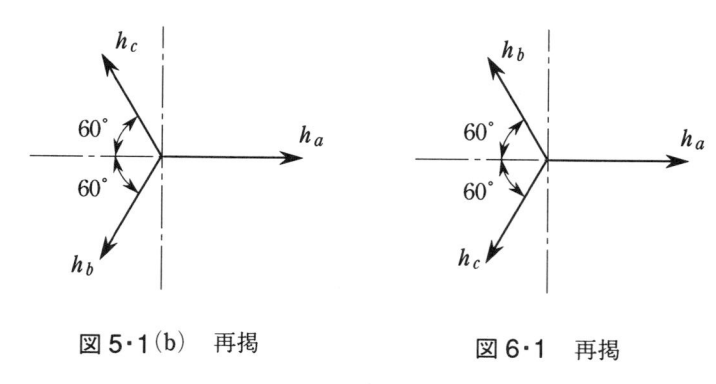

図 5・1(b) 再掲　　　　図 6・1 再掲

要は解析するのに考えやすい手法を採用しているといえるわけである.

7 分布回転磁界（複正弦磁界）

7・1 分布磁界の表し方

分布磁界
直線分布磁界

　誘導機，同期機のように多極に巻かれ，かつ，1極1相あたりのコイルが三つ四つなどに分割され分布している場合の磁界を表す数式を求めよう．実際の空げき（air gap）における磁界の分布の様子を均等空間分布磁界と考え，これを**直線分布磁界**として表せば，図7・1の実線のようである．計算を簡単にするため，これを点線のように正弦波に置き換えて考えよう．するとこれは波形を各高調波に分解し，基本波だけをとって考えることであろう．

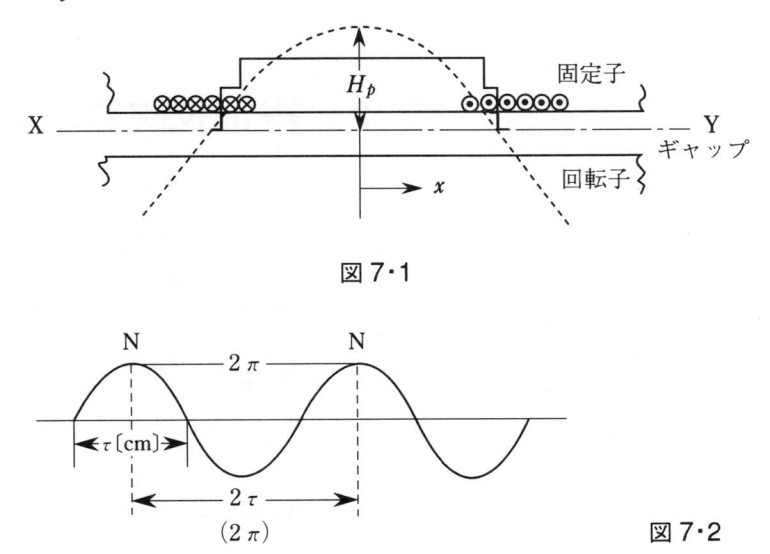

図7・1

図7・2

　こう考えると，ある瞬時における空げきの中心線XYに沿うての位置による磁界hの変化を正弦変化とし，hの最大値H_pの現れる点を距離xを測る基点とすれば，hは次式にて示される＊．

$$h^* = H_p \cos \frac{2\pi}{2\tau} x = H_p \cos \lambda x$$
$$\lambda = 2\pi/2\tau = \pi/\tau$$

＊　ここで注意したいのは，

$$h = H_p \sin \frac{2\pi}{2\tau} x$$

とすると，まずいことである．それは$x=0$では

$$\sin x = \sin 0 = 0$$

となって，H_pが最大値となる点を起点としているのにhが0となってしまうからである．

極間隔　ここにτは1極分の長さすなわち**極間隔**（pole pitch）で，xを電気角に換算のため$2\pi/2\tau$を乗じたのである．（図7・2参照）

そうして電流が正弦変化をすれば，各瞬時の最大値H_pもまた時間tに関して正弦変化をするから，$x=0$なる点（直交座標の基点　$\lambda x=0$）に最大値が現れる瞬間をもって時間を測る基点とすることにすれば，H_mを最大値，Tを周期として

$$H_p = H_m \cos \omega t = H_m \cos \frac{2\pi}{T} t$$

$$\therefore h = H_m \cos \omega t \cdot \cos \lambda x$$

$$= H_m \cos\left(\frac{2\pi}{T} t\right) \cdot \cos\left(\frac{2\pi}{2\tau} x\right)$$

複正弦磁界　これは時間tに関し正弦状に変化する電流により励磁され，位置に関して正弦状に分布された磁界の表示式であって，以下このような磁界を**複正弦磁界**と呼ぼう．なお距離x，時間tの基点を任意にとれば，β，γをそれぞれ任意定数としてつぎのように表すことができる．

$$h = H_m \cos(\omega t + \beta)\cos(\lambda x + \gamma)$$

$$= H_m \cos\left(\frac{2\pi}{T} t + \beta\right)\cos\left(\frac{2\pi}{2\tau} x + \gamma\right)$$

7・2　複正弦磁界の分解

前式は二つの三角関数の積の形であるから，これを代数和の形に変更すれば

$$h = \frac{H_m}{2}\cos\{(\omega t + \beta)-(\lambda x + \gamma)\} + \frac{H_m}{2}\cos\{(\omega t + \beta)+(\lambda x + \gamma)\}$$

$$= \frac{H_m}{2}\cos\{(\omega t - \lambda x)+(\beta - \gamma)\} + \frac{H_m}{2}\cos\{(\omega t + \lambda x)+(\beta + \gamma)\}$$

$$= h_1 + h_2$$

ただし，$h_1 = \dfrac{H_m}{2}\cos\{(\omega t - \lambda x)+(\beta - \gamma)\}$

$h_2 = \dfrac{H_m}{2}\cos\{(\omega t + \lambda x)+(\beta + \gamma)\}$

(a) 第1項h_1　これは変数が二つあって，時間がΔtだけ経過し，距離がΔxだけ変化したとすれば，その場合の磁界の強さh_1'は（図7・3参照），

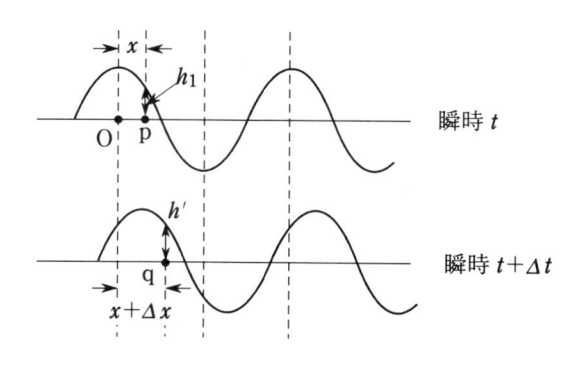

図7・3

7·2 複正弦磁界の分解

$$h_1' = \frac{H_m}{2}\cos\{\omega(t+\Delta t) - \lambda(x+\Delta x) + (\beta+\gamma)\}$$

ここで，もし

$$\omega\Delta t - \lambda\Delta x = 0 \quad \text{ならば} \quad h_1 = h_1'$$

あるいは $\dfrac{\Delta x}{\Delta t} = \dfrac{\omega}{\lambda}$ ならば $h_1 = h_1'$

であるが，このためには

$$\frac{\Delta x}{\Delta t} = \frac{\omega}{\lambda} \quad \therefore \quad \lim_{t=0}\frac{\Delta x}{\Delta t} = \frac{dx}{dt} = \frac{\omega}{\lambda}$$

であることが証明されればよい．

いま $u = (\omega t - \lambda x) + (\beta - \gamma)$ とし，t に関し偏微分すれば*

$$\left.\begin{array}{l}\dfrac{\partial u}{\partial t} = \omega \\[6pt] \dfrac{\partial u}{\partial x} = -\lambda\end{array}\right\} \quad \therefore \quad \frac{dx}{dt} = -\omega \times \frac{1}{-\lambda} = \frac{\omega}{\lambda}$$

したがって，任意の点 p より Δx だけ先方にある点 q の h は，$\Delta t = (\lambda/\omega)\Delta x$ の後には，先の点 p の h の値と同じ値となる．そうして Δx は任意の値であるから h のその形を"くずさず"して Δt 時間に Δx だけ進行することになる．

不変回転磁界 すなわち第1項 h_1 は距離 x の＋の向きに進行，または回転する**不変回転磁界**を表す．

その進行の速度 S は

$$S = \frac{\text{距離}}{\text{時間}} = \frac{\Delta x}{\Delta t} = \frac{\omega}{\lambda} = \frac{2\pi f}{\frac{2\pi}{2\tau}} = 2\tau f \text{ [m/s]}$$

磁界が回転する場合の回転数 N は，一般に p 極とすれば

$$N = \frac{\text{速度}}{\text{全極周}} = \frac{2\tau f}{p\tau} = \frac{2f}{p} \text{ [rps]}$$

$$= \frac{2f}{p} \times 60 = \frac{120f}{p} \text{ [rpm]}$$

その進行の位置の角速度 ω_p は

$$\omega_p = \frac{\pi}{\tau}S = 2\tau f \frac{\pi}{\tau} = 2\pi f = \omega \text{ [rad/s]}$$

電気的角速度 すなわち，時間に対する**電気的角速度** ω に等しい．つまり不変回転磁界の位置の角速度は，その磁界を発生する交番電流の時間に関する角速度と同じ値なのである．

(b) **第2項 h_2** これは h_1 と式の形は同じであるが，ただ＋，－の符号が異なるのみである．するとやはり不変回転磁界であって，ただ，その回転方向が反対であることが証明できる．それには

---

* $\dfrac{dy}{dx} = -\dfrac{\dfrac{\partial u}{\partial x}}{\dfrac{\partial u}{\partial y}} = -\dfrac{\partial u}{\partial x} \times \dfrac{\partial y}{\partial u}$

$$\frac{dx}{dt} = -\frac{\omega}{\lambda}$$

であることを証明すればよいわけである．

そこで，位置と時間に関し最大値の現れる点では

$$(\omega t - \beta) + (\lambda x + \gamma) = 0$$

であることに注目して，これをtに関し微分すれば，

$$\omega + \lambda \frac{dx}{dt} = 0$$

$$\therefore \quad \frac{dx}{dt} = -\frac{\omega}{\lambda} = -\frac{2\pi f}{\frac{2\pi}{2\tau}} = -2\tau f \,[\mathrm{m/s}]$$

となって，符号$(-)$がついて回転方向がh_1とは反対であることが証明される．

(c) 複正弦磁界の分解　以上，(a)(b)項の結論によってみれば，一つの複正弦磁界は互いに（すなわち距離，時間に関し，正弦状に変化する磁界は互いに）反対の向きに回転する二つの不変回転磁界の合成とみなすことができるといえるわけである．

そうして，分解された不変回転磁界は最大値がともに複正弦磁界の最大値の1/2であって，それらの位置の角速度は，ともに複正弦磁界の時間の角速度に等しい．

7・3 対称三相交流の作る複正弦磁界

(a) 複正弦磁界の分解の対称三相交流の作る回転磁界への適用　円形コイル3個をその面に直角な軸に対して互いに$2\pi/3$ずつ隔てるように配置し，各コイルに相順がa，b，cで，a相電流i_aがもっとも位相が進み，i_aが通ずるコイル軸を，距離xを測る基点とし，i_aが最大値をとる瞬間をもって時間を測る基点とすれば，i_aが生ずる**複正弦磁界**h_aは

複正弦磁界

$$h_a = H_m \cos\omega t \cos\lambda x$$

つぎにb相電流の作る磁界h_bは

$$h_b = H_m \cos\left(\omega t - \frac{2\pi}{3}\right)\cos\left(\lambda x - \frac{2\pi}{3}\right)$$

また，c相電流による磁界h_cは，

$$h_c = H_m \cos\left(\omega t - \frac{4\pi}{3}\right)\cos\left(\lambda x - \frac{4\pi}{3}\right)$$

不変回転磁界

したがって，これらを各二つの**不変回転磁界**に分解すれば，三つのコイルが生ずる磁界はこれら六つの不変回転磁界の合成となる．これら六つのうち時計式に回転する三つ，反時計式に回転するもの三つあり，別々に合成すれば，h_aが最大となる点を基準として，図7・4に示すように反時計式に回転する三つの不変回転磁界a′，b′，c′は，対称三相関係となるから，その合成は0となり，時計式に回転する三つの不変回転磁界となり，角速度はωで回転方向は時計式方向である．

7·3 対称三相交流の作る複正弦磁界

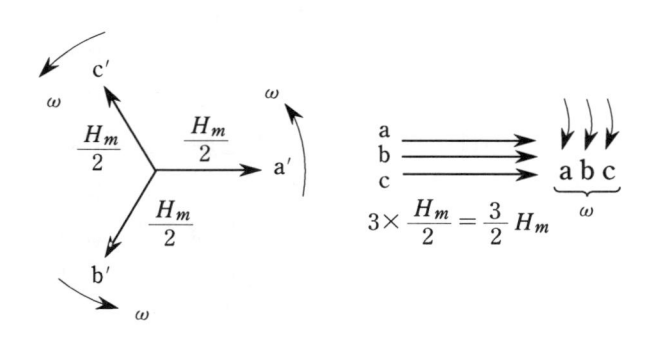

図7·4

よって，対称三相交流の生ずる合成磁界は，電流の位相の遅れの向きに回転する不変回転磁界であって，その最大値は，1相の電流が生ずる複正弦磁界 H_m の最大値の3/2倍であって，その角速度は電流の角速度 ω と同じである．

複正弦磁界　(b) **数式による証明**　相順を (a) 項のように i_a が生ずる**複正弦磁界**を二つの不変回転磁界に分解する関係を数式によって示せば，

$$h_a = H_m \cos\omega t \cos\lambda t = \frac{H_m}{2}\cos(\omega t - \lambda x) + \frac{H_m}{2}\cos(\omega t + \lambda x)$$

ただし距離 x の基点と時間を測る基点は前記のとおりとする．
同じように，i_b による磁界 h_b は，

$$h_b = H_m \cos\left(\omega t - \frac{2\pi}{3}\right)\cos\left(\lambda x - \frac{2\pi}{3}\right)$$
$$= \frac{H_m}{2}\cos(\omega t - \lambda x) + \frac{H_m}{2}\cos\left(\omega t + \lambda x - \frac{4\pi}{3}\right)$$

c相電流 i_c による磁界 h_c は

$$h_c = H_m \cos\left(\omega t - \frac{4\pi}{3}\right)\cos\left(\lambda x - \frac{4\pi}{3}\right)$$
$$= \frac{H_m}{2}\cos(\omega t - \lambda x) + \frac{H_m}{2}\cos\left(\omega t + \lambda x - \frac{2\pi}{3}\right)$$

これらの合成が三相電流の生ずる磁界の強さである．したがってこれらの六つの不変回転磁界の合成を求めればよいわけである．h_a, h_b, h_c 第2項は対称三相関係で，その和は0であるから，第1項の不変回転磁界三つを加えればよく，しかも第1項は三つとも相等しいから，

$$h = h_a + h_b + h_c = 3\times\frac{H_m}{2}\cos(\omega t - \lambda x)$$

すなわち，対称三相電流が生ずる磁界は，電流の遅れの向きに回転する不変回転磁界であって，その最大値は各相電流の生ずる複正弦磁界の最大値の3/2倍に等しいことが証明された．

〔例1〕　単相交流発電機の電機子反作用は，その界磁巻線に基本波の2倍周波数の交流を誘導することを説明してみよ．

7 分布回転磁界（複正弦磁界）

電機子反作用

〔**解答**〕 単相交流発電機の**電機子反作用**の磁束は明らかに交番磁束である．したがって，これは互いに反対方向に回転する回転磁界に分解することができる．いま発電機は回転界磁形と考えれば，一つは回転磁界と同一方向に同一速度で回転し，ほかの一つはこれと2倍の同期速度をもって（相対的に）逆方向に回転する磁界となる．

界磁と同一方向に回転する磁界は多相交流発電機の場合と同じように，電流の力率により偏磁，減磁または増磁作用をなし，界磁と一定の関係位置を保って同期回転をつづける．

界磁と反対方向に回転する磁界（磁束）は界磁に対して2倍の同期速度であるから，この磁束が界磁巻線と鎖交しつつ誘導する起電力は2倍周波数の交流となる．

8 楕円回転磁界(その1)

8・1 互いに逆回転する異なる二つの回転磁界の合成

回転磁界

(a) **仮定** 互いに逆回転する異なる二つの**回転磁界**をつぎのようであるとしよう.

磁界の強さの最大値；それぞれ H_1 および H_2

回転方向；互いに反対

回転の角速度(絶対値)；同一にて ω (平均値)

(b) **合成磁界の強さ** いま二つの不変回転磁界を表す二つのベクトルが合致する位置をX軸,その瞬時を時間の基点 $t=0$ とすれば,磁界を代表するベクトル図は図8・1のようになる.

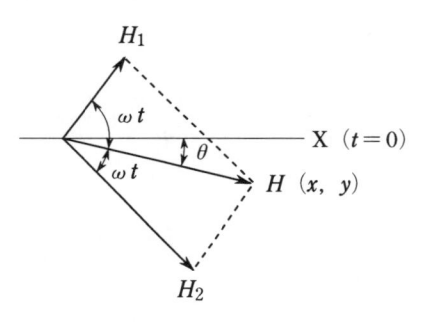

図8・1

合成磁界

合成磁界を表すベクトルの先端の座標を (x, y) とすれば,

$$x = H_1\cos\omega t + H_2\cos\omega t = (H_1 + H_2)\cos\omega t$$
$$y = H_1\sin\omega t - H_2\sin\omega t = (H_1 - H_2)\sin\omega t$$

$$\therefore \ \frac{x}{H_1+H_2} = \cos\omega t \quad \therefore \ \left(\frac{x}{H_1+H_2}\right)^2 = \cos^2\omega t$$

$$\therefore \ \frac{y}{H_1-H_2} = \sin\omega t \quad \therefore \ \left(\frac{y}{H_1-H_2}\right)^2 = \sin^2\omega t$$

するとつぎの関係がある.

$$\cos^2\omega t + \sin^2\omega t = 1$$

$$\therefore \ \left(\frac{x}{H_1+H_2}\right)^2 + \left(\frac{y}{H_1-H_2}\right)^2 = 1$$

これは楕円の方程式であって,ベクトルの先端の軌跡は楕円となることを示すもので

楕円回転磁界

$y = 0$ では $x = \pm(H_1 + H_2)$

$x = 0$ では $y = \pm(H_1 - H_2)$

すなわち長径 $(H_1 + H_2)$，短径 $(H_1 - H_2)$ なる楕円である．このような回転磁界を**楕円回転磁界**という．そうして合成磁界が楕円の長軸の向きをとった瞬時より任意の時間 t 秒後における磁界の強さはつぎのように示される．

$$H = \sqrt{(H_1+H_2)^2 \cos^2 \omega t + (H_1-H_2)\sin^2 \omega t}$$

8·2 合成した楕円回転磁界の角速度

前記した H の値をとるときの合成磁界の向きが軸 OX となす角 θ は，

$$\tan \theta = \frac{y}{x} = \frac{H_1 - H_2}{H_1 + H_2} \tan \omega t$$

$$\therefore \quad \theta = \tan^{-1}\left(\frac{H_1 - H_2}{H_1 + H_2} \tan \omega t\right)$$

角速度

(a) **角速度 $d\theta/dt$ の求め方（第1法）**

$$\frac{d\theta}{dt} = \frac{d\theta}{d\tan\omega t} \times \frac{d\tan\omega t}{d\omega t} \times \frac{d\omega t}{dt}$$

$$\frac{d\theta}{d\tan\omega t} = \frac{\dfrac{H_1-H_2}{H_1+H_2}}{1+\left(\dfrac{H_1-H_2}{H_1+H_2}\right)^2 \tan^2 \omega t} \qquad \left(\because \;\; \frac{d\tan^{-1}ax}{dx} = \frac{a}{1+a^2 x^2}\right)$$

$$\frac{d\tan\omega t}{dt} = \sec^2 \omega t \qquad\qquad \left(\sec^2 \omega t = \frac{1}{\cos^2 \omega t}\right)$$

$$\frac{d\omega}{dt} = \omega \qquad\qquad\qquad \left(\tan\omega t = \frac{\sin\omega t}{\cos\omega t}\right)$$

$$\therefore \quad \frac{d\theta}{dt} = \frac{\dfrac{H_1-H_2}{H_1+H_2}}{1+\left(\dfrac{H_1-H_2}{H_1+H_2}\right)^2 \dfrac{\sin^2 \omega t}{\cos^2 \omega t}} \times \frac{\omega}{\cos^2 \omega t}$$

$$= \frac{\left(\dfrac{H_1-H_2}{H_1+H_2}\right)\times \omega \times \dfrac{1}{\cos^2 \omega t}}{\dfrac{(H_1+H_2)^2 \sin^2 \omega t + (H_1-H_2)^2 \sin^2 \omega t}{(H_1+H_2)^2 \cos^2 \omega t}}$$

8・2 合成した楕円回転磁界の角速度

$$= \omega \frac{\left(\dfrac{H_1-H_2}{H_1+H_2}\right) \times \dfrac{1}{\cos^2 \omega t} \times (H_1+H_2)^2 \cos^2 \omega t}{H^2}$$

$$\therefore \quad \frac{d\theta}{dt} = \omega \times \frac{(H_1-H_2) \times (H_1+H_2)}{H^2} \left(= \omega \frac{H_1^2 - H_2^2}{H^2}\right)$$

すなわち，楕円回転磁界では，その磁界の強さが，楕円の動径にしたがって変化するのみならず，その向きが変化する角速度も一定ではなく，最大値の2乗に反比例して脈動するものである．

(b) $d\theta/dt$ の求め方（第2法）

$1 + \tan^2 \theta = \sec^2 \theta$ であるから

$$\sec^2 \omega t = 1 + \frac{(H_1-H_2)^2}{(H_1+H_2)^2} \times \frac{\sin^2 \omega t}{\cos^2 \omega t}$$

$$\sec^2 \omega t = \frac{(H_1+H_2)^2 \cos^2 \omega t + (H_1-H_2) \sin^2 \omega t}{(H_1+H_2)^2 \cos^2 \omega t}$$

$$= \frac{x^2 + y^2}{(H_1+H_2)\cos^2 \omega t} = \frac{H^2}{(H_1+H_2)^2 \cos^2 \omega t}$$

これを，先出の

$$\frac{d\theta}{dt} = \frac{\dfrac{H_1-H_2}{H_1+H_2}}{1 + \dfrac{(H_1-H_2)^2}{(H_1+H_2)^2} \tan^2 \omega t} \times \sec^2 \omega t \times \omega$$

の式のうち分母の展開式を比較すれば

$$1 + \frac{(H_1-H_2)^2}{(H_1+H_2)^2} \tan^2 \omega t = \frac{1}{\sec^2 \omega t}$$

$$\therefore \quad \frac{d\theta}{dt} = \frac{H_1-H_2}{H_1+H_2} \times \sec^2 \omega t \times \frac{1}{\sec^2 \omega t} \times \omega$$

$$= \frac{H_1-H_2}{H_1+H_2} \times \frac{\omega}{\cos^2 \omega t} \times \frac{1}{\sec^2 \omega t}$$

$$= \frac{H_1-H_2}{H_1+H_2} \times \frac{\omega}{\cos^2 \omega t} \times \frac{(H_1+H_2)^2 \cos^2 \omega t}{H^2}$$

$$= \omega \times \frac{(H_1-H_2) \times (H_1+H_2)}{H^2} \left(= \omega \frac{H_1^2 - H_2^2}{H^2}\right)$$

すなわち磁界の強さが最大値 (H_1+H_2) になるとき，つまりその向きが楕円の長軸の向きであるときに，その角速度が最小でその値は $\omega(H_1-H_2)/(H_1+H_2)$，また磁界の強さが最小の値 (H_1-H_2) となるとき，つまりその向きが楕円の短軸の向きのとき，角速度は最大で，その値は $\omega(H_1+H_2)/(H_1-H_2)$ となり，このほかのときには磁界は二つの値の中間の値をもって，その向きを変化するわけである．

8·3 異なる二つの交番磁界の合成は楕円回転磁界である

正弦交番磁界

いま図8·2のO点においてOh_1とOh_2の向きにそれぞれ

$h_1 = H_1 \sin\omega t$

$h_2 = H_2 \sin(\omega t - \varphi)$

という**正弦交番磁界**が同時に作られているとする.

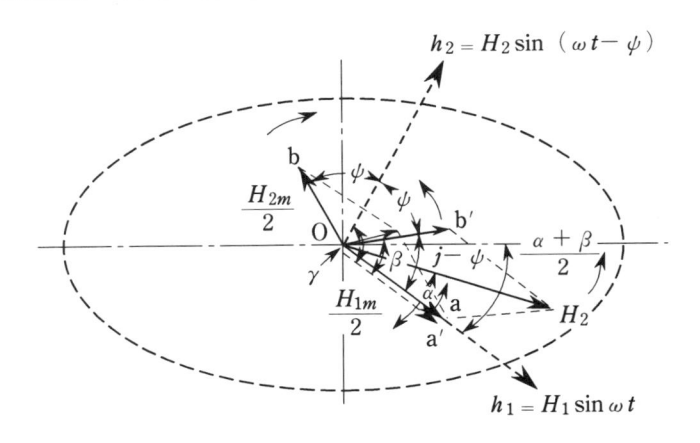

図8·2

円形磁界

回転磁界

交番磁界h_1, h_2をそれぞれ円形回転磁界に分解するとそれらの**円形磁界**は$\omega t = \pi/2$の瞬時に，図示のOa, Oa′およびOb, Ob′の向きをとっている．同方向に回転する**回転磁界**を合成すると，反時計式回転のものはOH_2，時計式回転のものはOH_1であり，この二つの合成がO点の合成磁界であるから，前項までの記述から，O点の磁界は楕円回転磁界となることがわかる．そうして

---

*

$$\frac{d\theta}{dt} = \frac{d\theta}{d\left(\frac{\sin\omega t}{\cos\omega t}\right)} \times \frac{d\left(\frac{\sin\omega t}{\cos\omega t}\right)}{d\omega t} \times \frac{d\omega t}{dt}$$

$$\frac{d\left(\frac{\sin\omega t}{\cos\omega t}\right)}{dt} = \frac{\cos\omega t \dfrac{d\sin\omega t}{d\omega t} - \sin\dfrac{d\cos\omega t}{dt}}{\cos^2\omega t}$$

$$= \frac{\cos^2\omega t - \sin\omega t \times (-\sin\omega t)}{\cos^2\omega t}$$

$$= \frac{1}{\cos^2\omega t} = \sec^2\omega t$$

$$\frac{d\left(\dfrac{u}{v}\right)}{dx} = \frac{\dfrac{du}{dx}v - \dfrac{dv}{dx}u}{v^2}$$

$$OH_1 = \frac{1}{2}\sqrt{\{H_1 + H_2\cos(\gamma+\varphi)\}^2 + \{H_2\sin(\gamma+\varphi)\}^2}$$

$$OH_2 = \frac{1}{2}\sqrt{\{H_1 + H_2\cos(\gamma-\varphi)\}^2 + \{H_2\sin(\gamma-\varphi)\}^2}$$

$$\alpha = \tan^{-1}\frac{H_2\sin(\gamma-\varphi)}{H_1 + H_2\cos(\gamma-\varphi)}$$

$$\beta = \tan^{-1}\frac{H_2\sin(\gamma+\varphi)}{H_1 + H_2\cos(\gamma+\varphi)}$$

さらに $\omega t = (\pi/2) + (\alpha+\beta)/2$ において OH_1 と OH_2 とが，OAにおいて同じ向きをとり，この向きが楕円の軸の方向であり，また

$$長径 = 2(OH_1 + OH_2),\quad 短径 = 2(OH_1 - OH_2)$$

であって，$OH_1 < OH_2$ のときには，楕円回転磁界は反時計式回転方向，$OH_1 > OH_2$ のときは楕円回転磁界は時計式の回転方向となる．

8·4　準二相交流による回転磁界

前記のように，1点において，空間において，また，時間においても位相を異にする二つの交番磁界が作られるときは，その合成磁界は一般に楕円回転磁界となるものであるが，$\gamma = \pi/2$，また $\varphi = \pi/2$ すなわち二つの交番磁界は空間において90度その向きを異にし，時間においては90度の位相差を有し，かつ，その値を異にする**準二相交流**の場合が多い．このときには

$$OH_1 = \frac{1}{2}(H_1 - H_2)$$

$$OH_2 = \frac{1}{2}(H_1 + H_2)$$

$$\alpha = \beta = 0 \quad \therefore \quad \frac{\alpha+\beta}{2} = 0$$

であるから，両軸の長さは

$$\left.\begin{array}{l} 2(OH_1 + OH_2) = H_1 \\ 2(OH_1 - OH_2) = H_2 \end{array}\right\}$$

となり，$H_1 > H_2$ のときには h_1 の向きが長軸，$H_1 < H_2$ のときには h_1 の向きが短軸となるのである．またこの場合の磁界の回転方向は必ず h_1 の向きから h_2 の向きの方へ回転するものである．

8·5　楕円回転磁界の分解

図8·3のO点に図示の楕円の動径に従って反時計式に回転する楕円回転磁界があ

8 楕円回転磁界（その1）

楕円回転磁界　るとしよう．するとこの**楕円回転磁界**はその向きが長軸の向きOAと一致した瞬間に，これと同じ向きをとり，その強さH_1, H_2が

$$\left.\begin{array}{r} H_1 + H_2 = H_{\max} \\ H_1 - H_2 = H_{\min} \end{array}\right\} \therefore \begin{cases} H_1 = \dfrac{H_{\max} + H_{\min}}{2} \\ H_2 = \dfrac{H_{\max} - H_{\min}}{2} \end{cases}$$

であり，その回転速度は楕円回転磁界の平均回転速度と等しく，H_1の方は楕円回転磁界の回転方向すなわち反時計式に，また，H_2の方はこれと反対に時計式に回転するような，二つの円形回転磁界に分解される．

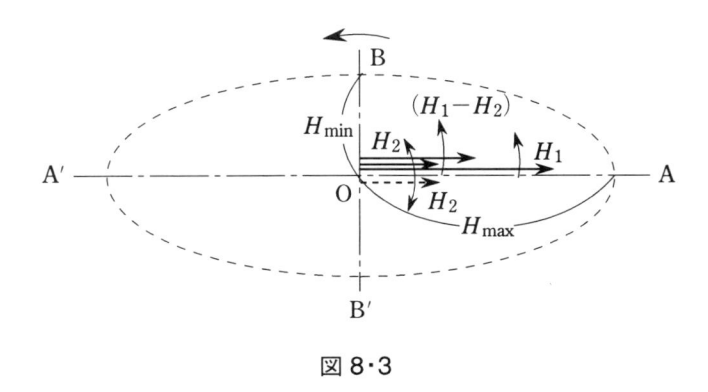

図 8·3

反時計式回転　ところで，反時計式回転の円形回転磁界H_1は，さらにこれを同じ方向に回転する円形回転磁界H_2と(H_1-H_2)との二つに分解することができる．

時計式回転　さて，このように三つの回転磁界に分解すると，反時計式回転のH_2と**時計式回転**のH_2とは，楕円回転磁界の向きがOAなる瞬時を時間の基点とし，ωを楕円回転磁界の平均角速度とすれば，

$$h = 2H_2 \sin\left(\omega t + \frac{\pi}{2}\right)$$
$$= (H_{\max} - H_{\min})\sin\left(\omega t + \frac{\pi}{2}\right)$$

という式で示されるOAの向きの交番磁界であるから，結局のところは楕円回転磁界は，これを分解して長軸の向きに交番する磁界

$$h = (H_{\max} - H_{\min})\sin\left(\omega t + \frac{\pi}{2}\right)$$

と，$t=0$において，OAの向きにあり，角速度ωをもって反時計式に回転する強さが$H_1 - H_2 = H_{\min}$に等しい円形回転磁界とに分けることができる．

円形回転磁界　こう考えてくると，楕円回転磁界は，これと同一の角速度をもって互いに反対の向きに回転する異なる強さの二つの**円形回転磁界**に分解することができるが，また，これを，一つの交番磁界と一つの円形回転磁界とにも分解し得るものである．なお図8·3および図8·4から明らかなように楕円回転磁界は空間においても，また，時間においても位相を異にする二つの**交番磁界**にも分解し得るものである．

交番磁界

9 楕円回転磁界(その2)

9·1 対称三相交流の作る磁界で1相が逆になった場合

(a) 磁界がcosineで表された相順反時計式の第三相が逆になった場合

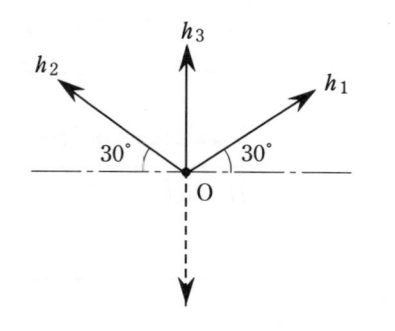

図9·1

水平分力　各磁界を図9·1のベクトル図で表すと**水平分力 h_x** は

$$h_x = h_1 \cos 30° - h_2 \cos 30°$$

$$= H_m \cos 30° \left\{ \cos\omega t - \cos\left(\omega t - \frac{2\pi}{3}\right) \right\}$$

$$= \frac{\sqrt{3}}{2} H_m \left\{ -2\sin\frac{\omega t + \left(\omega t - \frac{2\pi}{3}\right)}{2} \sin\frac{\omega t - \left(\omega t - \frac{2\pi}{3}\right)}{2} \right\}$$

$$= \frac{\sqrt{3}}{2} H_m \left\{ -2\sin\left(\omega t - \frac{\pi}{3}\right) \sin\frac{\pi}{3} \right\}$$

$$= \frac{\sqrt{3}}{2} H_m \left\{ -2\sin\left(\omega t - \frac{\pi}{3}\right) \times \frac{\sqrt{3}}{2} \right\}$$

$$= -\frac{3}{2} H_m \sin(\omega t - 60°)$$

垂直分力　**垂直分力 h_y** は

$$h_y = h_1 \sin 30° + h_2 \sin 30° + h_3$$

$$= \frac{1}{2} H_m \left\{ \cos\omega t + \cos\left(\omega t - \frac{2\pi}{3}\right) \right\} + H_m \cos\left(\omega t - \frac{4\pi}{3}\right)$$

−33−

9 楕円回転磁界（その2）

$$h_y{}^* = \frac{1}{2}H_m\left\{2\cos\frac{\omega t+\left(\omega t-\frac{2\pi}{3}\right)}{2}\cos\frac{\omega t-\left(\omega t-\frac{2\pi}{3}\right)}{2}+H_m\cos\left(\omega t-\frac{4\pi}{3}\right)\right\}$$

途中の運算過程は脚注に示すが，結局つぎの結果が得られる．

$$h_y = -\frac{1}{2}H_m\cos(\omega t-60°)$$

$$\therefore \quad \sin(\omega t-60°) = \frac{h_x}{-\frac{3}{2}H_m}, \quad \cos(\omega t-60°) = \frac{h_y}{-\frac{1}{2}H_m}$$

$$\therefore \quad \sin^2(\omega t-60°)+\cos^2(\omega t-60°) = \frac{h_x{}^2}{\left(-\frac{3}{2}H_m\right)^2}+\frac{h_y{}^2}{\left(-\frac{1}{2}H_m\right)^2} = 1$$

合成瞬時磁界 すなわち**合成瞬時磁界**のベクトル端の軌跡は楕円をなし，楕円回転磁界を形成することになる．そうして合成磁界の大きさは $H_m/2$ から $3H_m/2$ まで変化する．

つぎにその水平軸に対する傾角を θ とすれば

$$\tan\theta = \frac{h_y}{h_x} = \frac{-\frac{1}{2}H_m\cos(\omega t-60°)}{-\frac{3}{2}H_m\sin(\omega t-60°)}$$

---

* h_y の演算式のつづき

$$h_y{}^* = \frac{1}{2}H_m\left\{2\cos\left(\omega t-\frac{\pi}{3}\right)\cos\frac{\pi}{3}\right\}+H_m\cos\left(\omega t-\frac{4\pi}{3}\right)$$

$$= \frac{1}{2}H_m\left\{2\cos\left(\omega t-\frac{\pi}{3}\right)\times\frac{1}{2}\right\}+H_m\cos\left(\omega t-\frac{4\pi}{3}\right)$$

$$= \frac{1}{2}H_m\left\{\cos\left(\omega t-\frac{\pi}{3}\right)\right\}+H_m\cos\left(\omega t-\frac{4\pi}{3}\right)$$

$$= H_m\left\{\frac{1}{2}\cos\left(\omega t-\frac{\pi}{3}\right)+\cos\left(\omega t-\frac{4\pi}{3}\right)\right\}$$

$$= H_m\left\{\left(\frac{1}{2}\cos\omega t\cos\frac{\pi}{3}+\sin\omega t\sin\frac{\pi}{3}\right)+\left(\cos\omega t\cos\frac{4\pi}{3}+\sin\omega t\sin\frac{4\pi}{3}\right)\right\}$$

$$= H_m\left\{\frac{1}{2}\left(\cos\omega t\times\frac{1}{2}\sin\omega t\times\frac{\sqrt{3}}{2}\right)+\left(\cos\omega t\times-\frac{1}{2}+\sin\omega t\times-\frac{\sqrt{3}}{2}\right)\right\}$$

$$= H_m\left(\frac{1}{4}\cos\omega t+\frac{\sqrt{3}}{4}\sin\omega t-\frac{1}{2}\cos\omega t-\frac{\sqrt{3}}{2}\sin\omega t\right)$$

$$= H_m\left(-\frac{1}{4}\cos\omega t-\frac{\sqrt{3}}{4}\sin\omega t\right)$$

$$= -\frac{1}{2}H_m\left(\frac{1}{2}\cos\omega t+\frac{\sqrt{3}}{2}\sin\omega t\right)$$

$$= -\frac{1}{2}H_m(\cos60°\cos\omega t+\sin60°\sin\omega t)$$

$$= -\frac{1}{2}H_m\cos(\omega t-60°)$$

9·1　対称三相交流の作る磁界で1相が逆になった場合

$$= \frac{-\dfrac{1}{2}H_m \times -\sin(90°+\omega t-60°)}{-\dfrac{3}{2}H_m \times \cos(90°+\omega t-60°)} **$$

$$= \frac{+\dfrac{1}{2}H_m \sin(\omega t+30°)}{-\dfrac{3}{2}H_m \cos(\omega t+30°)}$$

$$= -\frac{1}{3}H_m \tan(\omega t+30°)$$

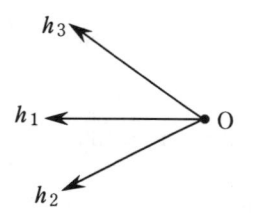

図9·2

(b) 磁界がsineで表され相順時計式の第1相が逆となった場合

(a)に準じてベクトル図は図9·2のようになり，この3磁界の水平分力の和h_xは

$$h_x = h_1 + h_2\cos\left(-\frac{2\pi}{3}\right) + h_3\cos\left(-\frac{4\pi}{3}\right)$$

$$= -H_m\left\{\sin\omega t + \frac{1}{2}\sin\left(\omega t - \frac{2\pi}{3}\right) + \frac{1}{2}\sin\left(\omega t - \frac{4\pi}{3}\right)\right\}$$

$$= -\frac{1}{2}H_m \sin\omega t$$

また，垂直分力の和h_yは

$$h_y = h_2\sin\left(-\frac{2\pi}{3}\right) + h_3\sin\left(-\frac{4\pi}{3}\right)$$

$$= \frac{3}{2}H_m \cos\omega t$$

合成磁界hは

$$h = h_x + jh_y = -\frac{1}{2}H_m\sin\omega t + j\frac{3}{2}H_m\cos\omega t$$

また

$$\frac{h_x^{\,2}}{\left(-\dfrac{1}{2}H_m\right)^2} + \frac{h_y^{\,2}}{\left(\dfrac{3}{2}H_m\right)^2} = 1$$

すなわち，長径が$3H_m/2$，短径が$H_m/2$なる楕円回転磁界であることを示している．

** $\cos(90°\pm A) = \mp\sin A$, $\sin(90°\pm A) = +\cos A$

9·2 三相磁界で1相が除かれた(断線の)場合

以下においては，コイルの結線は Δ 結線とし，その一相が開路(断線)した場合について考える*

(a) **磁界を cosine で表し相順反時計式の第三相が断線した場合** 第三相の欠除により磁界を表すベクトル図は図9·3のようになり，**水平分力**の和 h_x は

[図9·3: h_2 と h_1 のベクトルが原点 O から伸びている図]

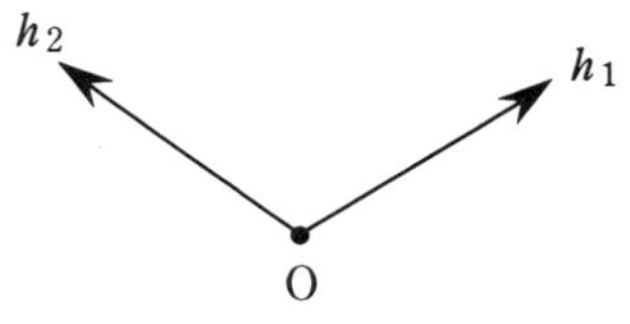

図9·3

$$h_x{}^{**} = h_1\cos 30° - h_2\cos 30° = -\frac{3}{2}H_m\sin(\omega t - 60°)$$

また**垂直分力**の和 h_y は

$$h_y = h_1\sin 30° + h_2\sin 30°$$
$$= \frac{1}{2}H_m\left\{\cos\omega t + \cos\left(\omega t - \frac{2\pi}{3}\right)\right\}$$
$$= \frac{1}{2}H_m\left\{2\cos\frac{\omega t + \left(\omega t - \frac{2\pi}{3}\right)}{2}\cos\frac{\omega t - \left(\omega t - \frac{2\pi}{3}\right)}{2}\right\}$$
$$= \frac{1}{2}H_m\left\{2\cos\left(\omega t - \frac{\pi}{3}\right)\cos\frac{\pi}{3}\right\} = \frac{1}{2}H_m\left\{2\cos\left(\omega t - \frac{\pi}{3}\right)\times\frac{1}{2}\right\}$$
$$= \frac{1}{2}H_m\cos(\omega t - 60°)$$

$$\therefore \quad \frac{h_x{}^2}{\left(-\frac{3}{2}H_m\right)^2} + \frac{h_y{}^2}{\left(\frac{1}{2}H_m\right)^2} = \sin^2(\omega t - 60°) + \cos^2(\omega t - 60°) = 1$$

すなわち**楕円回転磁界**となり，その値は $H_m/2$ から $3H_m/2$ まで変化し，水平軸に対する傾角を θ とすれば

$$\tan\theta = \frac{h_y}{h_x} = \frac{\frac{1}{2}H_m\cos(\omega t - 60°)}{-\frac{3}{2}H_m\sin(\omega t - 60°)}$$

$$= \frac{\frac{1}{2}H_m\times -\sin(90° + \omega t - 60°)}{-\frac{3}{2}H_m\times\cos(90° + \omega t - 60°)}{}^{***}$$

---

* コイルがY結線のとき，その一相が開路(断線)したのでは，健全な2相に単相電圧が加わるのみで，交番磁界が生ずるだけで，回転磁界は生じない．
** 9·1(a)項の h_x の式を参照のこと
*** $\cos(90°\pm A) = \mp\sin A, \; \sin(90°\pm A) = +\cos A$

9・2 三相磁界で1相が除かれた（断線の）場合

$$= \frac{-\frac{1}{2}H_m\sin(\omega t+30°)}{-\frac{3}{2}H_m\cos(\omega t+30°)}$$

$$= \frac{1}{3}\tan(\omega t-30°)$$

となって，回転方向は9・1(a)項とは反対になる．

(b) 磁界をsineで表し相順時計式の第1相を除いた場合 前と同様にして磁界を表すベクトル図は図9・4のようになり，水平分力の和 h_x は

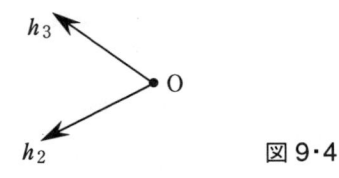

<水平分力>

$$\begin{array}{c} h_3 \\ \searrow \\ \bullet \, \mathrm{O} \\ \nearrow \\ h_2 \end{array} \qquad 図9・4$$

$$h_x = h_2\cos\left(-\frac{2\pi}{3}\right) + h_3\cos\left(-\frac{4\pi}{3}\right)$$

$$= -\frac{1}{2}H_m\left\{\sin\left(\omega t-\frac{2\pi}{3}\right) + \sin\left(\omega t-\frac{4\pi}{3}\right)\right\}$$

$$= -\frac{1}{2}H_m\left\{2\sin\frac{\left(\omega t-\frac{2\pi}{3}\right)+\left(\omega t-\frac{4\pi}{3}\right)}{2}\sin\frac{\omega t-\frac{2\pi}{3}-\left(\omega t-\frac{4\pi}{3}\right)}{2}\right\}$$

$$= -\frac{1}{2}H_m 2\sin(\omega t-\pi)\cos\frac{\pi}{3} = -\frac{1}{2}H_m\sin(\omega t-\pi)$$

$$= \frac{1}{2}H_m\sin\omega t$$

<垂直分力>

垂直分力の和 h_y は

$$h_y = h_2\sin\left(-\frac{2\pi}{3}\right) + h_3\sin\left(-\frac{4\pi}{3}\right)$$

$$= -\frac{\sqrt{3}}{2}H_m\left\{\sin\left(\omega t-\frac{2\pi}{3}\right) - \sin\left(\omega t-\frac{4\pi}{3}\right)\right\}^{*}$$

$$= -\frac{\sqrt{3}}{2}H_m\left\{2\sin\frac{\left(\omega t-\frac{2\pi}{3}\right)-\left(\omega t-\frac{4\pi}{3}\right)}{2}\cos\frac{\left(\omega t-\frac{2\pi}{3}\right)+\left(\omega t-\frac{4\pi}{3}\right)}{2}\right\}$$

$$= -\frac{\sqrt{3}}{2}H_m 2\sin\frac{\pi}{3}\cos(\omega t-\pi) = -\frac{\sqrt{3}}{2}H_m\times 2\times\frac{\sqrt{3}}{2}\cos(\omega t-\pi)$$

---

* $\sin\left(-\frac{2\pi}{3}\right) = -\frac{\sqrt{3}}{2}, \quad \sin\left(-\frac{4\pi}{3}\right) = \sin\left(\frac{2\pi}{3}\right) = \frac{\sqrt{3}}{2}$

9 楕円回転磁界（その2）

$$\therefore \quad h_y = -\frac{\sqrt{3}}{2}H_m \times 2 \times \frac{\sqrt{3}}{2}\cos(\omega t - \pi) = -\frac{3}{2}H_m\cos(\omega t - \pi)$$

$$= \frac{3}{2}H_m\cos\omega t$$

$$\therefore \quad \frac{h_x{}^2}{\left(\frac{1}{2}H_m\right)^2} + \frac{h_y{}^2}{\left(\frac{3}{2}H_m\right)^2} = \sin^2\omega t + \cos^2\omega t = 1$$

楕円回転磁界 となって**楕円回転磁界**であることを表し，その大きさは $H_m/2$ から $3H_m/2$ まで変化することを示している．

また合成磁界の水平軸に対する傾角を θ とすると

$$\tan\theta = \frac{h_y}{h_x} = \frac{\frac{3}{2}H_m\cos\omega t}{\frac{1}{2}H_m\sin\omega t} = 3\cos\omega t$$

なお角速度 $d\theta/dt$ は一定でなく変化するが，その平均値は一周期間においては ω に等しくなる．

(c) 複素表示法を併用する解法 例としては前(b)項をとってみると，合成磁界 h はつぎのように表せる．

$$h = h_x + jh_y = \frac{1}{2}H_m\sin\omega t + j\frac{3}{2}H_m\cos\omega t$$

$$= \frac{3}{2}H_m\sin\omega t - \frac{2}{2}H_m\sin\omega t + j\frac{3}{2}H_m\cos\omega t$$

$$= \frac{3}{2}H_m\sin\omega t + j\frac{3}{2}H_m\cos\omega t - H_m\sin\omega t$$

$$= \frac{3}{2}H_m\left\{\cos\left(\omega t + \frac{\pi}{2}\right) - j\sin\left(\omega t + \frac{\pi}{2}\right)\right\} - H_m\sin\omega t$$

$$= \frac{3}{2}H_m\varepsilon^{-j\omega t}\varepsilon^{j\frac{\pi}{2}} - H_m\sin\omega t \tag{a}$$

あるいはまた

$$h = \frac{1}{2}H_m\varepsilon^{-j\omega t}\varepsilon^{j\frac{\pi}{2}} + jH_m\cos\omega t \tag{b}$$

とも展開することができる．

これら(a)，(b)両式をよく検討してみるとつぎのようなことがいえるであろう．

不変回転磁界 (a)は強さ $3H_m/2$ なる**不変回転磁界**から，水平方向に $H_m\sin\omega t$ なる磁界が減少したことを示している．元来，1相欠除は磁界 h_1 の欠除であったわけであるから当然のことといわなければならない．

(b)は強さ $H_m/2$ なる不変回転磁界に垂直方向に $H_m\cos\omega t$ なる交番磁界が加わったことを示すが，図9・5に示すように(a)，(b)両者の表現が同じものであること図示のとおりである．

図9・5の説明ラベル:
(a) $H_m \sin \omega t$ 欠如部分, $\frac{3}{2}H_m$ 回転磁界
(b) $H_m \cos \omega t$ 付加部分, $\frac{H_m}{2}$ 回転磁界

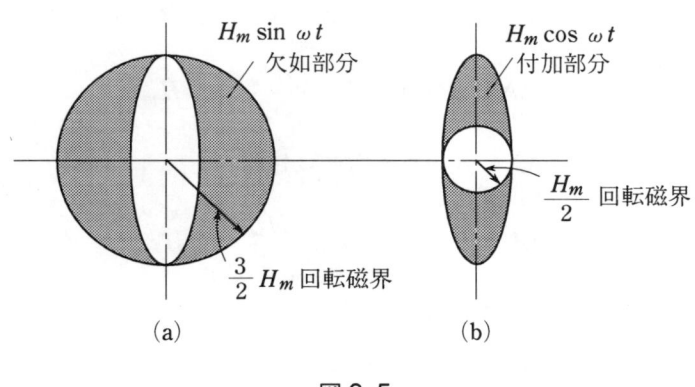

図9・5

9・3　V結線による回転磁界

V結線

等しいコイルを空間的に120°だけその向きを異にして配置し,これを対称三相回路の3線A,B,Cに接続するとコイルの中心Oではコイル1の電流によって,たとえば交番磁界h_1がOh_1の向きに作られるであろう.

$$h_1 = H_m \sin\omega t$$

コイル2の電流によって交番磁界h_2がOh_2の向きに

$$h_2 = H_m \sin\left(\omega t - \frac{2\pi}{3}\right)$$

が作られるであろう.

交番磁界
円形回転磁界

これらの**交番磁界**はそれぞれ$H_m/2$という強さで反対方向に回転する**円形回転磁界**に分解されることは明らかである.そうして,これらの回転磁界の$t=0$における向きは図9・6のとおりである.

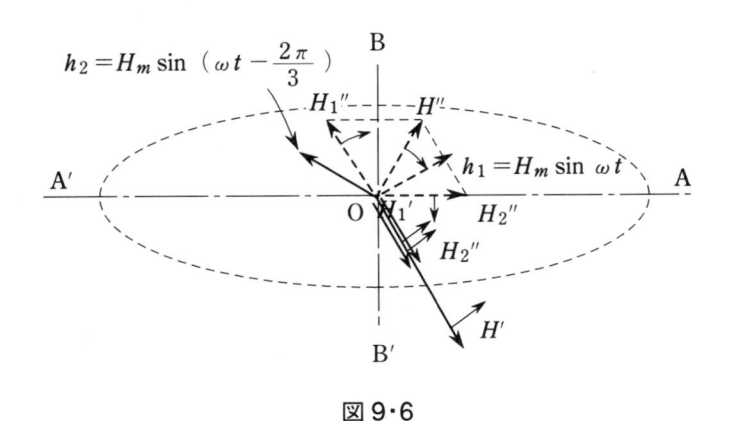

図9・6

合成磁界

さて,反時計式回転のOH_1'とOH_2'とを合成するとOH'となり,反時計式回転のOH_1''とOH_2''とを合成するとOH''となるから,結局O点の**合成磁界**は$t=0$においてOH'の向きにある一定の強さH_mを有する反時計式回転の磁界と,$t=0$においてOH''の向きにある一定の強さ$H_m/2$を有する時計式回転の磁界との合成に等しいことになる.

9 楕円回転磁界(その2)

そうして，この円形回転磁界の合成は両者の向きが一致する方向に長径

$$AA' = H' + H'' = H_m + \frac{H_m}{2} = \frac{3}{2}H_m$$

また，AA'と直角なる方向に短径

$$BB' = H' - H'' = H_m - \frac{H_m}{2} = \frac{1}{2}H_m$$

楕円回転磁界 を有する**楕円回転磁界**となる．

ところで，コイル2(あるいは1)の回路への接続を反対にすると**図9·7**に示すように，コイル2による交番磁界の向きが，前記の場合とは反対となり，したがってこれを分解したOH_2'とOH_2''の向きは前記の場合とは逆になり，図示のようになる．

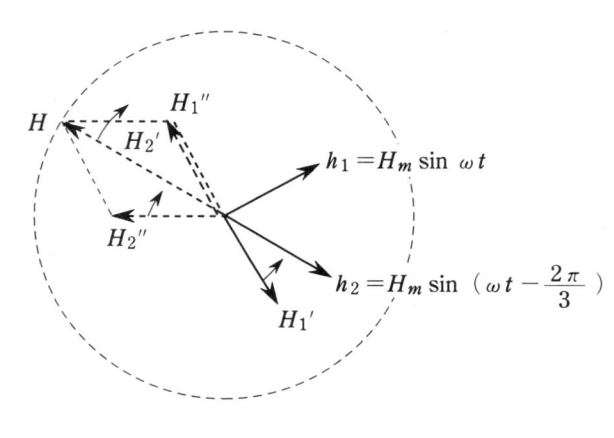

図9·7

円形回転磁界 こうなると，反時計式回転のOH_1'とOH_2'とは，ちょうど，反対の向きとなって互いに打ち消し合って結局はO点の合成磁界は，時計式回転の二つの磁界の合成すなわち$t=0$においてOHの向きをとり，その強さは$\sqrt{3}\,H_m/2$なる**円形回転磁界**となる．

10　三相回路高調波の相回転と三相ひずみ波による回転磁界

ひずみ波は基本波と各高調波の合成として求められる．ここでは三相回路でのひずみ波が回転磁界にどのように影響するかを調べよう．

10·1　ひずみ波三相交流の高調波の相回転

ひずみ波位相角

ひずみ波の第 N 調波は基本波が1サイクルをする時間内に N サイクルの変化をする．一般に正弦波では1サイクルの変化に相当する**位相角**を 2π とするから，基本波の 2π なる位相角は，第 N 調波では $2\pi N$ となる．これと同じ理で基本波での $2\pi/3$ なる位相角は，第 N 調波で考えると $2\pi N/3$ ということになる．

高調波

このように考えて，対称三相交流なる三相回路に，各相にまったく等しい**高調波**が含まれているとすると，

第一相の第 N 調波が $i_1 = I_m \sin(N\omega t + \varphi)$ であれば

第二相の第 N 調波は $i_2 = I_m \sin\left(N\omega t + \varphi - \dfrac{2\pi N}{3}\right)$

第三相の第 N 調波は $i_3 = I_m \sin\left(N\omega t + \varphi - \dfrac{4\pi N}{3}\right)$

となるわけである．ここで，もしも

(イ) $N = 3n$，すなわち N が3の倍数であるときは

$$i_1 = I_m \sin(3n\omega t + \varphi)$$

$$i_2 = I_m \sin\left(3n\omega t + \varphi - 3n\frac{2\pi}{3}\right) = I_m \sin(3n\omega t + \varphi)$$

$$i_3 = I_m \sin\left(3n\omega t + \varphi - 3n\frac{4\pi}{3}\right) = I_m \sin(3n\omega t + \varphi)$$

となって，各相の高調波はちょうど同相となる．

(ロ) $N = 3n+1$ なる場合には

$$i_1 = I_m \sin\{(3n+1)\omega t + \varphi\}$$

$$i_2 = I_m \sin\left\{(3n+1)\omega t + \varphi - (3n+1)\frac{2\pi}{3}\right\}$$

$$= I_m \sin\left\{(3n+1)\omega t + \varphi - \frac{2\pi}{3}\right\}$$

$$i_3 = I_m \sin\left\{(3n+1)\omega t + \varphi - (3n+1)\frac{4\pi}{3}\right\}$$

$$= I_m \sin\left\{(3n+1)\omega t + \varphi - \frac{4\pi}{3}\right\}$$

相回転 | となって，各相の高調波がまた一組の対称三相交流となっており，その**相回転**の順序は基本波の相回転の順序と同じとなる．

(ハ) $N=3n-1$ なる場合には

$$i_1 = I_m \sin\{(3n-1)\omega t + \varphi\}$$

$$i_2 = I_m \sin\left\{(3n-1)\omega t + \varphi - (3n-1)\frac{2\pi}{3}\right\}$$

$$= I_m \sin\left\{(3n-1)\omega t + \varphi - \frac{4\pi}{3}\right\}$$

$$i_3 = I_m \sin\left\{(3n-1)\omega t + \varphi - (3n-1)\frac{4\pi}{3}\right\}$$

$$= I_m \sin\left\{(3n-1)\omega t + \varphi - \frac{2\pi}{3}\right\}$$

となり，これまた，各相の高調波が一組の対称三相交流となるが，その相回転の順序は基本波の相回転の順序とは反対になる．すなわち，第一相，第三相，第二相の順に順次120°だけその位相が遅れる．

(二) **総合してみよう** すなわち，ひずみ波三相交流の高調波はその次数により*

(1) 各相同相となるものは

　　　　　3，(6)，9，(12)，15，(18)……

(2) 基本波と同じ相回転の三相交流となるもの

　　　　　(4)，7，(10)，13，(16)，19……

(3) 基本波と反対の相回転の三相交流となるもの

　　　　　(2)，5，(8)，11，(14)，17……

の三つに区分されることがわかる．

10・2　ひずみ波三相交流による回転磁界

高調波の相回転　前項で示した各相の**高調波の相回転**の順序により，ひずみ波三相交流にて回転磁界を作る場合の磁界について考えてみよう．

第$3n$調波　(1) 各相の**第$3n$調波**は各相同相であるから，これらの高調波によっては回転磁界は作らず，三相コイルの中心点における磁界はすべての瞬時において0である．

第$(3n+1)$調波　(2) 各相の基本波および**第$(3n+1)$調波**は，同一の相回転の対称三相正弦波交流であるから，これらは同一回転方向の回転磁界を形成する．しかしその磁界の回転速度は高調波の次数にしたがい，基本波による回転磁界の速度の7倍，13倍，一般に $(3n+1)$ 倍となる．

第$(3n-1)$調波　(3) 各相の**第$(3n-1)$調波**は，基本波と反対の相回転の対称三相正弦波交流であるから，これらは基本波の作る回転磁界の回転方向と反対方向に回転する回転磁界を形成する．ただし，その回転速度はその高調波の次数により基本波回転磁界の速

＊ ( ) 内は偶数調波で，正波と負波が同形の場合には，偶数調波は無いことに注目されたい．

10・2 ひずみ波三相交流による回転磁界

度の5倍，11倍，一般に$(3n-1)$倍である．

　そうして，実際における中心点の磁界は，基本波および各高調波電流による回転磁界を合成したものであるから，とにかく，いずれかの方向に回転する合成磁界を作るが，その強さは各瞬時によって変化しその回転速度も時々刻々によって遅速あるはなはだ複雑な磁界となる．

索引

英字
V結線 39

ア行
位相角 41
円形回転磁界 3, 32, 39, 40
円形磁界 30

カ行
回転磁界 3, 7, 27, 30
回転磁界を逆転 19
回転速度 3
角速度 9, 28
極間隔 22
交番ベクトル 2
交番磁界 8, 32, 39
交番磁界の最大値 11
高調波 41
高調波の相回転 42
合成磁界 6, 12, 15, 17, 27, 39
合成磁界の回転方向 17
合成瞬時磁界 34

サ行
時計式回転 32
磁界の最大値 2
準二相交流 31
垂直分力 33, 36, 37
水平分力 33, 36, 37
正弦交番磁界 30
正弦波交番磁界 2, 8
相回転 42

タ行
楕円回転磁界 28, 32, 36, 38, 40
第 (3n + 1) 調波 42
第 (3n − 1) 調波 42

第 3n 調波 42
時計式回転 32
直線分布磁界 21
電機子反作用 26
電気的角速度 23
同期速度 3

ナ行
二相3線式 4
二相起電力 4

ハ行
反時計式回転 32
ひずみ波 41
不変回転磁界 3, 23, 24, 38
複正弦磁界 22, 24, 25
分布磁界 21
平衡三相交流 14
平衡二相交流 5

マ行
右手親指の規約 1

; # d-book
回転磁界

2000年4月25日　第1版第1刷発行

著　者　　森澤一榮
発行者　　田中久米四郎
発行所　　株式会社　電気書院
　　　　　(〒151-0063)
　　　　　東京都渋谷区富ケ谷二丁目2-17
　　　　　電話　03-3481-5101（代表）
　　　　　FAX　03-3481-5414
制　作　　久美株式会社
　　　　　(〒604-8214)
　　　　　京都市中京区新町通り錦小路上ル
　　　　　電話　075-251-7121（代表）
　　　　　FAX　075-251-7133

印刷所　　創栄印刷株式会社
©2000kazueMorisawa　　　　　　　　　Printed in Japan
ISBN4-485-42904-0　　　　　　［乱丁・落丁本はお取り替えいたします］

Ⓡ　〈日本複写権センター非委託出版物〉

　本書の無断複写は，著作権法上での例外を除き，禁じられています．
　本書は，日本複写権センターへ複写権の委託をしておりません．
　本書を複写される場合は，すでに日本複写権センターと包括契約をされている方も，電気書院京都支社（075-221-7881）複写係へご連絡いただき，当社の許諾を得て下さい．